天才小醫生的人體實驗課

18 種遊戲實驗與 10 個器官模型 DIY，
內化孩子的醫學腦！

貝蒂・蔡博士（Betty Choi MD）——著

辛亞蓓——譯

親愛的伊莎貝爾和諾亞：

願你們時時充滿好奇心和創造力，
做個體貼又慷慨的人。
願你們時時用心，互相關愛，
並關心周遭的世界。

目錄

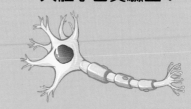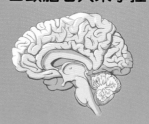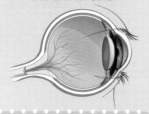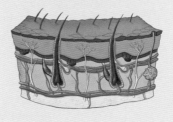

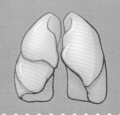

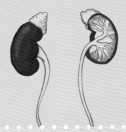

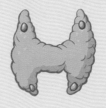
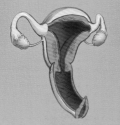

給家長和老師的話

小時候我試著靠自己去瞭解人體的構造時，經常希望身邊有大人可以和我聊聊。身為小兒科醫師，我聽過許多孩子跟我傳達過類似的想法。雖然孩子通常能獨自讀完這本書，但值得信賴的父母或老師，對孩子會有重要的影響力。

我們教導兒童認識人體，是讓他們注意安全和保持健康的好辦法。當我們告訴孩子：「我很高興你跟我討論這件事。」他們會瞭解到自己的想法很合理。當我們說：「你要對自己的身體負責。」其實我們是在鼓勵孩子獨立自主。當我們回答：「我不確定，但我們可以一起想辦法。」我們則是讓孩子瞭解，任何的年齡階段都可以持續學習。

本書的宗旨是幫助孩子釐清與人體相關的疑問，藉著手作活動讓文字和圖片變得更生動。每一章都有特定著重的器官系統，並搭配照片和栩栩如生的插圖。為了讓內部器官和功能顯得更具體，我也記錄自己和孩子一起創造的活動，以及長久以來我在擔任小兒科醫師的經歷中特別喜愛的事。

你們讀完這本書後，能瞭解到一般家庭能立即採用的實用保健技巧。重要的是，關於人體以及如何保持健康的「機會教育」時刻，隨時都能在日常生活中實踐。例如：我們戴著安全帽騎腳踏車、用繃帶包紮傷口、喝水補充水分的時候。我非常希望你們能夠引導孩子走完這段學習的旅程！

「腦子能記得親手做過的事。」

——瑪麗亞・蒙特梭利（Maria Montessori），內科醫生和教育家

安全第一！

書中所有的活動都應該在大人的監督和支援下完成。比如：父母、保母或老師。如果你們要和團體或班級一起進行，請檢查並避開任何可能會讓孩子過敏的材料。有需要的話，可以運用其他不會引起過敏的材料或活動。

歡迎來到天才小醫生的
人體實驗課！

我上小學的時候，父母買了一套百科全書，擺在書架上占了一整排的空間。我還記得，那天我發現一本非常有趣的書，書名是《人體》（*The Human Body*）。那時，是我第一次看到很酷的大腦和心臟的圖片，也發現自己不戴眼鏡就看不清楚細節。我還瞭解到身體如何隨著成長的過程而產生變化。這是我第一次瞭解自己！

我擔任小兒科醫師後（治療小朋友的醫生），不斷學習更多關於人體的知識。我不只閱讀，還從實際生活的經驗中學習。我學到如何檢查腫塊；測試反射動作；幫助病人呼吸、對抗病魔、預防疾病、解決便祕的問題等。

但我覺得在工作中最棒的部分是：我遇到了很多像你一樣優秀的小朋友。他們喜歡提出好問題。很多孩子問我：「妳從我的耳朵看到什麼？妳從我的肺部聽到什麼？為什麼我的心跳變快了？為什麼我應該吃蔬菜？我一定要洗手嗎？」

所以，我特別為了像你這樣好奇的小朋友寫了這本書！書中充滿有趣的實例、特別的圖片，還有保持健康的實用建議。手作活動的部分，也能幫助你瞭解身體是如何運作的。

我希望你能下定決心持續閱讀、嘗試並提出好問題，把所有的「為什麼」都變成「哇」！

Dr. Betty Choi

你的科學工具箱

書中列出的大部分勞作材料，都可以在你家和學校找到。你先找一個空紙箱，把它變成屬於你的科學工具箱，然後把勞作需要用到的物品裝進箱子裡。先從以下的用品開始準備吧。

- ❖ 色紙
- ❖ 紙管（長型或短型）
- ❖ 硬紙板
- ❖ 寶特瓶
- ❖ 麥克筆
- ❖ 剪刀
- ❖ 尺
- ❖ 紙膠帶
- ❖ 膠水

你也可以請大人幫忙收集一些用在其他勞作的特殊材料。

✣ 毛根（pipe cleaners）

✣ 牙籤

✣ 熱熔膠槍

✣ 可彎曲的吸管或紙吸管

✣ 氣球

✣ 壓克力顏料或廣告顏料

✣ 美工刀

接下來的每項勞作，都會列出你需要的材料。如果你沒有這些材料，也沒關係——你可以嘗試運用一些與清單中的物品尺寸、形狀或材質，相似的材料。你的勞作會散發出屬於你的獨特創意風格。

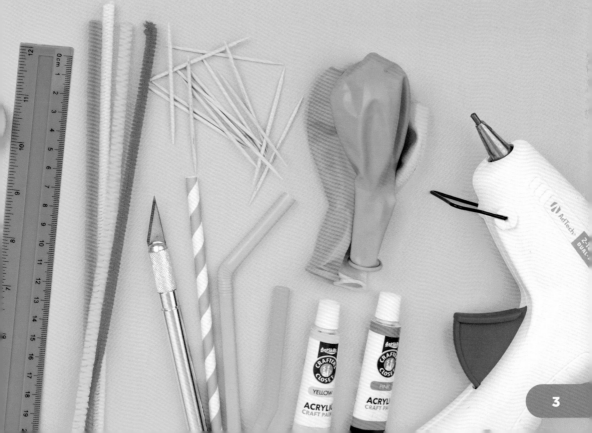

你的身體

構成你的要素

當你讀完這一頁的時候，會發生：

大腦的幾個區域活躍起來

體內輸送了超過一加侖的血液

肺部呼吸不只十二次

使用十二條眼部肌肉（左右眼各用六條）

有三萬個以上的死皮細胞脫落

很神奇，對吧？

同時，世界上有二百五十個嬰兒誕生。這些嬰兒的體型、身高和膚色都不一樣，各自以獨特的過程發育。

但人類也有許多的共同點。夜間我們在睡覺的時候，以及從我們醒來迎接新日子的那一刻起，體內都在進行刺激的活動。

先天和後天

　　你住在哪裡、從事什麼職業，以及你身邊的朋友和家人（不管你們是不是有共同的基因）都對你的成長有很大的影響力，甚至能影響你的外表和發育方式。例如，運動健將並不是天生有比較多的肌肉。他們是經過鍛鍊才讓肌肉變得更大、更強壯。

　　但是，就算兩個人用相同的方式鍛鍊，某些基因還是有可能使其中一人跑得更快，或跳得更高。你有什麼才能或特別的興趣嗎？你平常怎麼練習，讓自己做得更好呢？

人生階段

我們以前都當過嬰兒和兒童。後來，我們漸漸地長大，成長、學習和改變的方式都很像。

每個階段都有許多刺激的重要事件！

嬰兒

剛出生的嬰兒或幼兒經常用睡覺、喝奶，或哭泣的方式溝通。在人生的第一年，他們學會了微笑、打滾、坐下、站立、咿咿呀呀地學說話。

學齡前兒童

走路、跳躍，並學會說句子……要學的東西太多了！學齡前的兒童很快就能搞懂人際關係的基本概念。

學齡兒童

小朋友繼續成長的時期，並且學到了一些技能。例如：閱讀、寫作以及如何交朋友。他們也懂得探索新的嗜好。例如：藝術、音樂和運動。

青少年

小朋友經歷了一種叫
「青春期」的過程，
身體開始變得更像大
人。這是他們學習獨
立的時候，但還是需
要瞭解怎麼處理自己
的情緒，以及同伴帶
來的壓力和友誼。

成年人

身體發育完成，但是
其他方面仍繼續在成
長中。成年人會做出
人生重大的決定。例
如：決定住在哪裡、
做什麼工作、要不要
結婚和生孩子。

老年人

人漸漸變老的時期，
動作會開始變慢。聽
力和視力可能不像以
前那麼好。但是老年
人很有智慧，生活經
驗也很豐富，能夠和
年輕人分享經驗。

從細胞開始

你的身體是怎麼生長、學習、休息和玩耍呢？全靠努力工作的細胞！沒錯，你是由微小的細胞所組成。這些細胞一起工作的方式，就像有秩序的團隊，形成組織、器官以及維持身體運作的所有系統。

所有的生物都是由細胞組成。某些有機體只有一個細胞，但人類有幾萬億個細胞，而每個細胞都有屬於自己的工作。

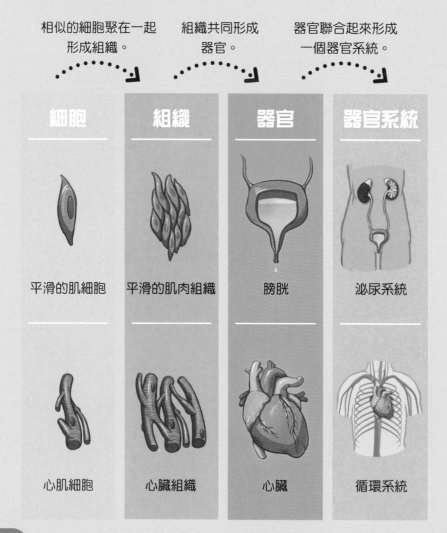

相似的細胞聚在一起形成組織。　組織共同形成器官。　器官聯合起來形成一個器官系統。

細胞	組織	器官	器官系統
平滑的肌細胞	平滑的肌肉組織	膀胱	泌尿系統
心肌細胞	心臟組織	心臟	循環系統

細胞長什麼樣子？

顯微鏡是一種科學儀器，能讓我們近距離觀察很小的物體。例如：細胞。我們的身體有兩百多種看起來不同的細胞，因為這些細胞的功能不一樣。下面有一些例子，能讓你在使用顯微鏡觀察細胞時，瞭解不同的細胞長什麼樣子。

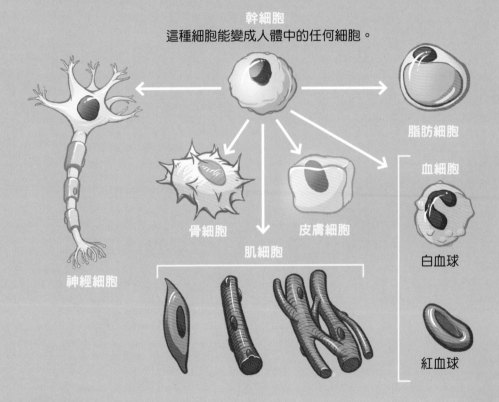

幹細胞
這種細胞能變成人體中的任何細胞。

脂肪細胞

血細胞

骨細胞　　皮膚細胞

肌細胞

白血球

神經細胞

紅血球

每個人活著都需要這三種條件

一、**水**：你渴了嗎？人類每天需要喝很多的水。你的身體有一半以上由水組成！

二、**營養**：食物中的碳水化合物、蛋白質以及脂肪，能讓你的身體充滿活力。維生素和礦物質則能幫助你維持身體機能。

三、**空氣**：為了活下去，你吸入氧氣，然後呼出二氧化碳。

探索細胞內的世界

你的細胞跟身體一樣都有共同運作的小器官。我們一起放大檢視，準備學習幾個奇特的細胞名詞吧！

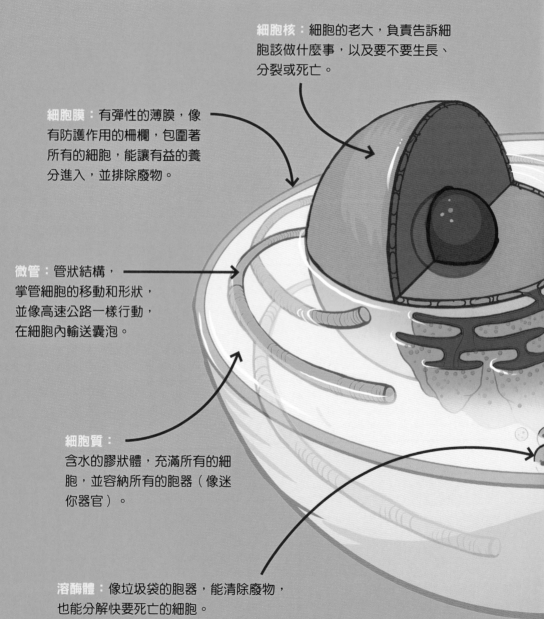

細胞核：細胞的老大，負責告訴細胞該做什麼事，以及要不要生長、分裂或死亡。

細胞膜：有彈性的薄膜，像有防護作用的柵欄，包圍著所有的細胞，能讓有益的養分進入，並排除廢物。

微管：管狀結構，掌管細胞的移動和形狀，並像高速公路一樣行動，在細胞內輸送囊泡。

細胞質：含水的膠狀體，充滿所有的細胞，並容納所有的胞器（像迷你器官）。

溶酶體：像垃圾袋的胞器，能清除廢物，也能分解快要死亡的細胞。

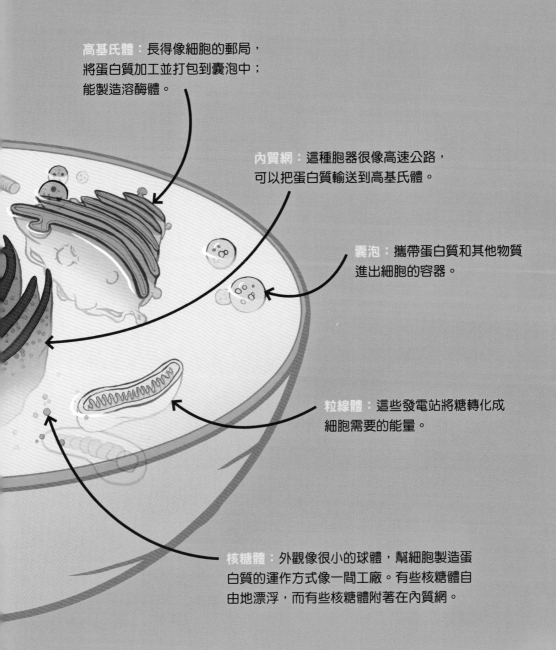

高基氏體：長得像細胞的郵局，
將蛋白質加工並打包到囊泡中；
能製造溶酶體。

內質網：這種胞器很像高速公路，
可以把蛋白質輸送到高基氏體。

囊泡：攜帶蛋白質和其他物質
進出細胞的容器。

粒線體：這些發電站將糖轉化成
細胞需要的能量。

核糖體：外觀像很小的球體，幫細胞製造蛋
白質的運作方式像一間工廠。有些核糖體自
由地漂浮，而有些核糖體附著在內質網。

一起製作細胞！

準備做一個可以握在手上的大細胞吧！你可以隨意運用身邊的材料發揮創意。

材料

‧ 兩張硬紙板。例如：麥片盒的正面和背面
‧ 一個圓形物。例如：瓶蓋
‧ 裝飾用的小型居家用品。例如：鈕扣、珠子、豆子、種子、毛根、絨毛球、紗線
‧ 紙膠帶
‧ 麥克筆
‧ 剪刀
‧ 膠水或熱熔膠槍

1 用麥克筆在硬紙板上畫一個大橢圓形，然後用剪刀把橢圓形剪下來。

2 在靠近硬紙板中央的位置黏上瓶蓋，或黏上其他的圓形物。細胞核完成囉。

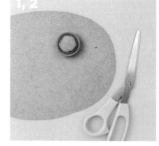

3 用膠水把其他小型材料黏在硬紙板上，來呈現細胞的其他構造。請注意，內質網應該黏在細胞核旁邊，而高基氏體應該黏在內質網旁邊，因為內質網和高基氏體有密切合作的關係。

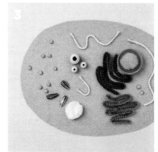

4 用薄薄的膠帶在紙板邊緣做出細胞膜。

5 將另一張長方形的硬紙板對摺，然後在上面畫一個傾斜的「L」。你可以參考右邊的照片。

6 沿著硬紙板剪下你畫的L線，這就是細胞模型的支架喔。

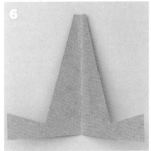

細胞核內部：
你的身體配方

細胞核包含非常重要的配方：你的DNA！

DNA也稱為「去氧核醣核酸」，就像它的綽號。DNA很像食譜，列出了對身體的指示。你的DNA有一半來自親生母親，另一半來自親生父親。DNA包含的基因，就像決定身體外觀和生長的成分，使你成為獨一無二的人！

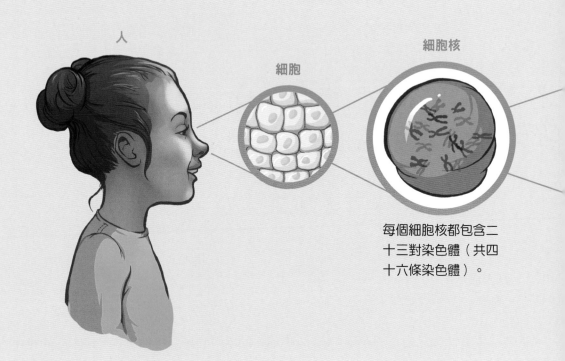

人

細胞

細胞核

每個細胞核都包含二十三對染色體（共四十六條染色體）。

基因使你獨一無二

有些基因是顯性。例如：使你的身體長出棕色頭髮和棕色眼睛的基因。也就是說，棕色眼睛很有可能是爸爸或媽媽遺傳給孩子。其他基因則是隱性，代表不太可能遺傳。例如：長出紅頭髮和藍眼睛的基因。除非，你是同卵雙胞胎，不然沒有人的基因組跟你一模一樣。

透過顯微鏡觀察，DNA看起來像扭曲的長梯子。科學家把它稱為：「雙螺旋。」

染色體

DNA

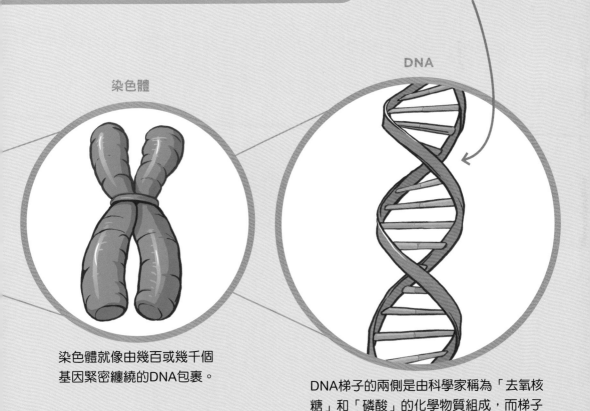

染色體就像由幾百或幾千個基因緊密纏繞的DNA包裹。

DNA梯子的兩側是由科學家稱為「去氧核糖」和「磷酸」的化學物質組成，而梯子上的階梯是一種叫做「核苷酸」的分子。

建構DNA模型

科學家常說DNA看起來像螺旋梯。你可以用簡單的材料，來製作DNA結構的大模型喔。

材料

‡ 鞋盒
‡ 紙膠帶
‡ 牙籤

‡ 細繩、紗線或麻線
‡ 剪刀

‡ 粉紅色、橙色、藍色和綠色的麥克筆（或你自己挑四種顏色）

1 剪下兩段紙膠帶，長度與鞋盒差不多，當作去氧核糖和磷酸組成的DNA長鏈。接著，把紙膠帶攤開在桌上，讓有黏性的那一面朝上。兩段膠帶之間的距離比一枝牙籤短。如果膠帶的尾端翹起來，你可以先用其他膠帶固定尾端。

2 將牙籤沿著兩段膠帶排列，間隔大約一英吋（2.5公分），並判斷你總共需要放幾枝牙籤。（把牙籤的尾端放在膠帶的邊緣，不是把整枝牙籤放在膠帶上：現在還不能黏住牙籤。）然後，把牙籤分成兩組。用麥克筆把其中一組的牙籤，一半塗上粉紅色，另一半塗上橙色；把另一組的牙籤，一半塗上藍色，另一半塗上綠色。這些牙籤能做出DNA的螺旋梯。

3 分別用一小段膠帶，把每枝牙籤的兩端黏在長條紙膠帶的邊緣。

4 剪下兩條繩子，長度比紙膠帶長幾英吋。在兩段紙膠帶的中間分別放上一條繩子，而且繩子要超出紙膠帶的兩端。

5 將紙膠帶對摺的時候，要確定有黏到繩子和牙籤的尾端。如果膠帶太薄，無法順利對摺，你可以在膠帶上面多黏一層膠帶，這樣就能固定繩子和牙籤了。

6 在鞋盒的兩端各剪出兩個洞孔。把兩條繩子穿進鞋盒尾端的洞孔之後打結。

7 將DNA模型扭曲成螺旋狀。把剩餘的繩子穿進鞋盒另一端的洞孔之後打結。

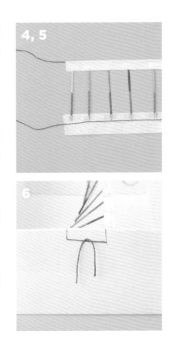

4, 5

6

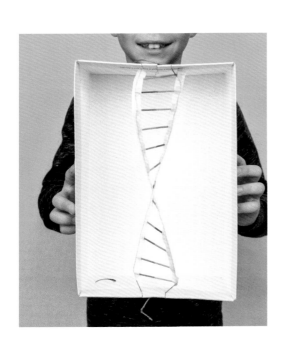

神經系統

由頭腦老大來掌控

還記得細胞核是細胞的老大嗎？你的頭腦則是全身的老大，負責控制所有的功能、感覺、記憶，反射動作和行動。

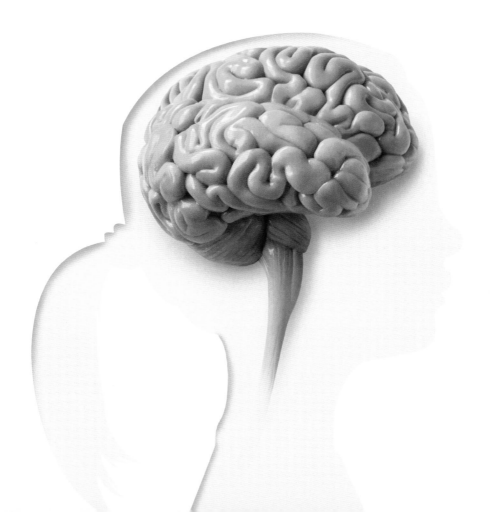

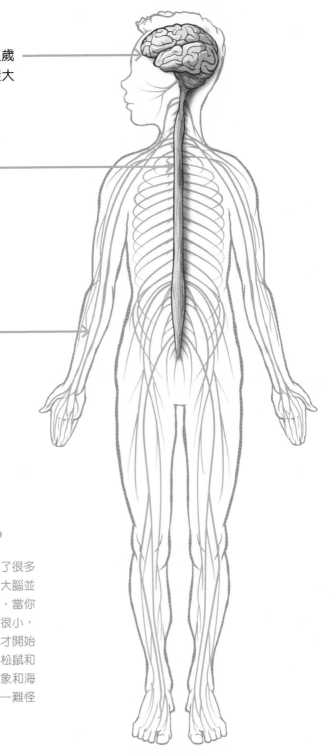

大腦：一直發育到二十五歲左右。成年人的大腦重量大約三磅（1.4公斤）。

脊髓：這一大束神經沿著你的背部中央延伸，有超過十億個神經元（神經細胞）。你的脊椎能保護脊髓。

神經：很像在身體內傳送電報的電線。這些訊息以每秒328英尺（100公尺）的速度傳播，相當於一秒鐘跑完足球場一圈！

為什麼大腦有皺褶？

大腦看起來皺皺的，是因為折疊了很多層，才能裝進你的頭部。但是，大腦並不是一直長這樣。在你出生之前，當你還是媽媽肚子裡的胎兒時，大腦很小，而且很平滑。大腦漸漸變大後，才開始折疊和擠壓在一起。相較之下，松鼠和老鼠的大腦都比較小且平滑。大象和海豚都有比較大、皺巴巴的大腦——難怪牠們那麼聰明！

腦力

頭腦的不同部位有不一樣的功能。這些部位一起合作，才能順利地運作。

大腦：我們把大腦稱為「思考帽」，因為大腦負責做所有的計畫。例如：決定身體的哪個部位要移動、要說什麼話，以及你讀完這本書後要做什麼事。大腦也保存了你的記憶，並處理來自你的視覺、聽覺、嗅覺、味覺和觸覺的資訊。

大腦占了頭腦最大的一部分。

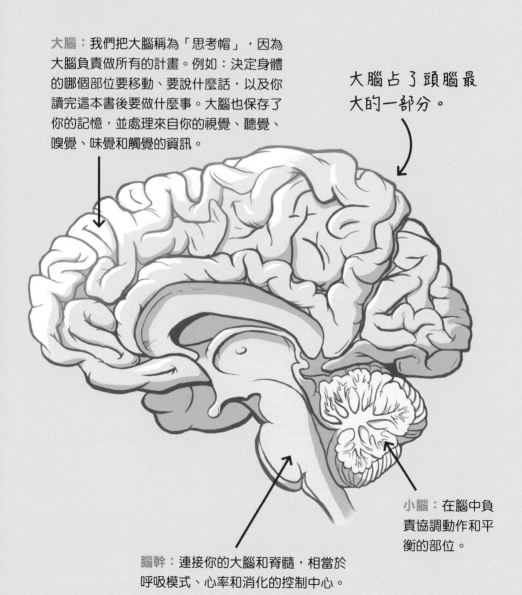

小腦：在腦中負責協調動作和平衡的部位。

腦幹：連接你的大腦和脊髓，相當於呼吸模式、心率和消化的控制中心。

神經系統如何運作？

你的神經系統必須快速行動，才能確保你的安全！神經系統能幫助你控制某些動作。例如：跑步。此外，還能讓你的身體主動做一些事情。

舉個例子，如果有昆蟲在你的眼睛附近飛，大腦會告訴你的眼睛，要眨眼睛。如果你摸到了讓你疼痛的東西，大腦會告訴你的肌肉，趕快把手移開。這些快速的行動稱為「反射動作」，在你還沒「思考」，動作就發生了。

一、二、三，踢！

當醫生用特殊的錘子敲你膝蓋骨下方的肌腱時，你的腿會突然往前踢。這種現象叫做「膝跳反射」。

大腦的訊號

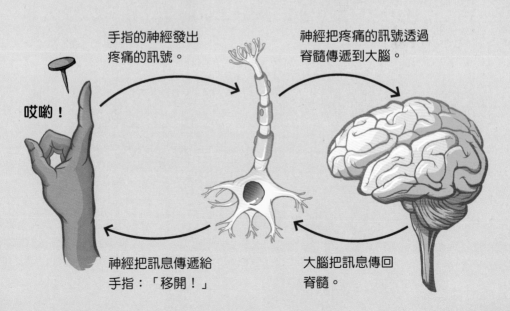

手指的神經發出疼痛的訊號。

神經把疼痛的訊號透過脊髓傳遞到大腦。

哎喲！

神經把訊息傳遞給手指：「移開！」

大腦把訊息傳回脊髓。

測試你的瞳孔反應

瞳孔是眼睛中間的黑色小圓孔，就像讓光線進入眼睛的通道。當周圍的光線很亮，你的瞳孔會自動縮小。這種本能反應能阻擋過多的光線進入眼睛，因為過多的光線會傷害眼睛。當光線昏暗時，你的瞳孔會變大，能幫助你看得更清楚。

你可以測試自己的瞳孔反應！如果你沒有鏡子，可以找同伴一起做這個活動，互相觀察眼睛。

設備／材料

∴ 有電燈開關或窗簾的房間
∴ 鏡子

1 在明亮的房間裡，你透過鏡子觀察自己的眼睛。你的瞳孔有多大呢？和下方的圖比較一下。

2 把燈光調暗或拉上窗簾，讓房間變暗。

3 幾分鐘後，再看一次自己的眼睛。你注意到什麼呢？

瞳孔的大小

2公釐　　3公釐　　4公釐　　5公釐

6公釐　　7公釐　　8公釐

比一比你的瞳孔大小！

充足的睡眠
能讓大腦變敏銳

當我們累了，就會變得脾氣暴躁和笨手笨腳，也可能很難集中注意力。這時候的大腦，無法像我們好好休息時那樣正常運作。小朋友比成年人需要更長的睡眠時間，因為他們的身體和心理都在成長。下方的圖表，是關於你每天應該睡多久。

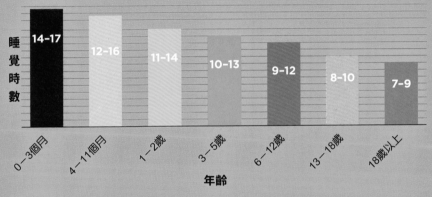

睡覺時數

| 14-17 | 12-16 | 11-14 | 10-13 | 9-12 | 8-10 | 7-9 |

0～3個月　4～11個月　1～2歲　3～5歲　6～12歲　13～18歲　18歲以上

年齡

蔡醫生
有話要說

保護成長中的大腦！

大腦對身體的正常運作很重要，所以它有堅硬的外殼保護——你的頭蓋骨。但是，有時候這樣還不夠。為了確保大腦的安全，你可以做以下幾件事。你還能想到其他保護大腦的方法嗎？

❖ 當你騎腳踏車、玩滑板、騎滑板車或其他有輪子的交通工具時，要戴上安全帽。

❖ 限制看電視、手機或電腦的時間，並且不在臥室做這些事。

❖ 固定的睡覺時間，才有充足的睡眠。你的大腦需要在睡眠時間整理訊息，為隔天做準備。

❖ 運動可以促進血液流向大腦，幫助你集中注意力，並改善記憶力。

❖ 乘車請務必繫上安全帶。年幼的孩子應該坐安全座椅或加高座椅。

你能多快接住？

反射動作是自發性的，但是我們可以透過練習來控制和改善反應的時間（你對訊號做出反應的時間長度）。「接尺測驗」是評估手和眼睛合作速度的簡單方法。有一些運動團隊會利用這種反應測試，檢查運動員的頭部是不是受傷了。像腦震盪之類的腦損傷，或者只是疲勞或分心的狀況，都會讓你的反應時間變慢。你需要找一個夥伴做這項活動。

材料

✣ 直尺或碼尺

1　請夥伴抓著尺的尾端，也就是數字最高的那一端。

2　把你的拇指和其他手指放在尺的底部附近（0英吋或0公分的地方），但不要抓住尺。

3　請夥伴放開尺，而且不事先提醒你。

4　你盡快接住尺，並記錄你抓住的數字。（英吋或公分）

5　參考右頁的說明，把你記下的數字轉換成反應的時間（秒／毫秒）。

6　用另一隻手再試一次，並比較結果。哪一隻手比較快？多試幾次，看看反應時間是不是縮短了。然後，在分心的情況下測試你的反應時間。例如：聽音樂或與夥伴說話的時候。

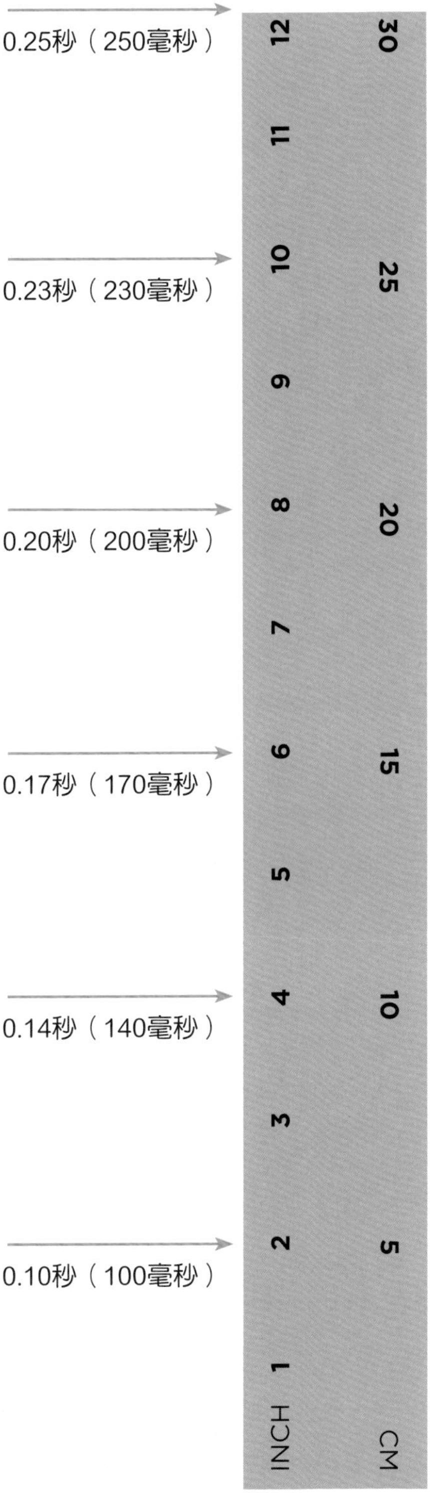

0.25秒（250毫秒）

12 | 30

你的手指抓到
尺的哪個位置？
反應時間是多少？

11

0.23秒（230毫秒）

10 | 25

噢！你接到了。

繼續練習！

9

0.20秒（200毫秒）

8 | 20

7

0.17秒（170毫秒）

6 | 15

好快喔！

5

0.14秒（140毫秒）

4 | 10

3

0.10秒（100毫秒）

2 | 5

哇，反應像閃電一樣快！

1

INCH | CM

五種感官

用眼睛看，用耳朵聽，用鼻子聞，用舌頭嚐，用皮膚觸摸——
你的這些身體部位搜集了各種資訊，幫助你認識這個世界！

視覺

聽覺

味覺

嗅覺

觸覺

視覺

你的眼睛就像特別的相機，能捕捉照片和影片，讓你的大腦分析和記住。每隻眼睛從有點不同的角度看一個物體。你的大腦能處理從兩隻眼睛得到的資訊，讓你瞭解物體的大小和位置的距離。

眼部肌肉：每隻眼睛都有六條肌肉，讓眼球可往上、往下、從這一邊移到另一邊，以及左右轉動。通常，兩隻眼睛會同時往同一個方向移動。

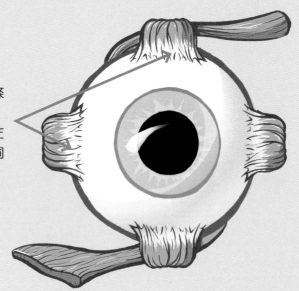

動一動眼部肌肉！

如果眼部肌肉無力，兩隻眼睛可能會朝著不同的方向看，導致視力模糊。有些小朋友戴上眼罩和眼鏡，是為了增強無力的眼部肌肉。

眨眼！

青少年和成年人每分鐘眨眼十五次，但是嬰兒每分鐘只眨眼兩次或三次。一般人看螢幕的時候，眨眼的次數會減少。例如：看電腦、電視或手機。

眉毛：這種弧形的短毛能夠防止汗水和雨水滴進眼睛。眉毛動起來的時候，能讓別人瞭解你的情緒。

眼皮：這層薄薄的皮膚覆蓋、並且保護你的眼睛。你眨眼的時候，眼皮會把淚液散布在眼睛的周圍，保持濕潤。

虹膜：這種有顏色的眼睛部位是環狀肌肉，能改變瞳孔的大小，並控制多少光線可以進入你的眼睛。

瞳孔：光線透過這個孔進入眼睛。

睫毛：這排毛髮能清除灰塵和髒汙，保持眼睛乾淨。

製作能移動的眼睛模型

看左邊！看右邊！看上面、看下面，繞圈圈！你的眼睛能做這些基本動作。只要用簡單的眼睛模型，你就可以瞭解眼睛同時移動的樣子。

透過這項活動，你也可以瞭解眼部肌肉不同步的時候，會發生什麼情況。在現實生活中，當眼部肌肉無力，或者神經系統出現問題，就會發生這種情形。

材料

‧ 四個捲筒式衛生紙　　‧ 剪刀
　的紙管　　　　　　　‧ 黑色麥克筆
‧ 白紙　　　　　　　　‧ 色鉛筆
‧ 美工刀　　　　　　　‧ 膠帶

1　請大人幫你用美工刀在一個紙管上割出兩個有尖頭的橢圓形。

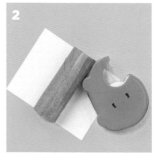

2　用剪刀把第二個紙管縱向剪開。把切割的邊緣重疊在一起，並用膠帶固定。這時，紙管應該比沒有剪過的紙管更細。接著，用白紙把比較小、有膠帶黏住的紙管包起來，並用膠帶固定。

3　把比較小的紙管塞進比較大的紙管後，用黑色麥克筆在每個有尖頭的橢圓形中間畫上瞳孔。

4　用色鉛筆在每個瞳孔周圍畫上虹膜，並在每隻眼睛外圍畫上睫毛。

5 上下、左右滑動內側的紙管，讓眼睛
模型移動。

6 再做出一雙眼睛。這次把內側的紙管
剪成兩半，讓眼睛分開。現在，這雙
眼睛沒有一起合作，所以你可以讓眼
睛模型，朝著不同的方向移動。

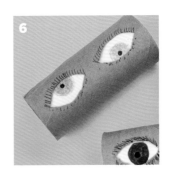

你的眼球內有什麼?

眼睛所有不同的部分會共同運作,就像相機的各個零件。

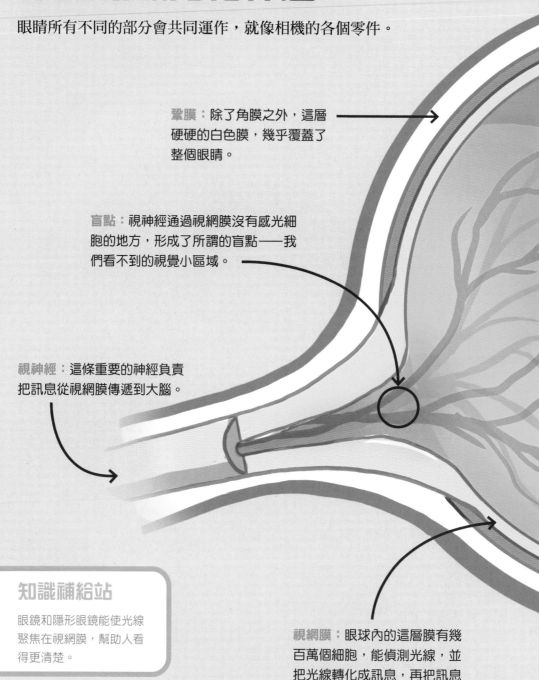

鞏膜:除了角膜之外,這層
硬硬的白色膜,幾乎覆蓋了
整個眼睛。

盲點:視神經通過視網膜沒有感光細
胞的地方,形成了所謂的盲點——我
們看不到的視覺小區域。

視神經:這條重要的神經負責
把訊息從視網膜傳遞到大腦。

知識補給站

眼鏡和隱形眼鏡能使光線
聚焦在視網膜,幫助人看
得更清楚。

視網膜:眼球內的這層膜有幾
百萬個細胞,能偵測光線,並
把光線轉化成訊息,再把訊息
交給大腦處理。

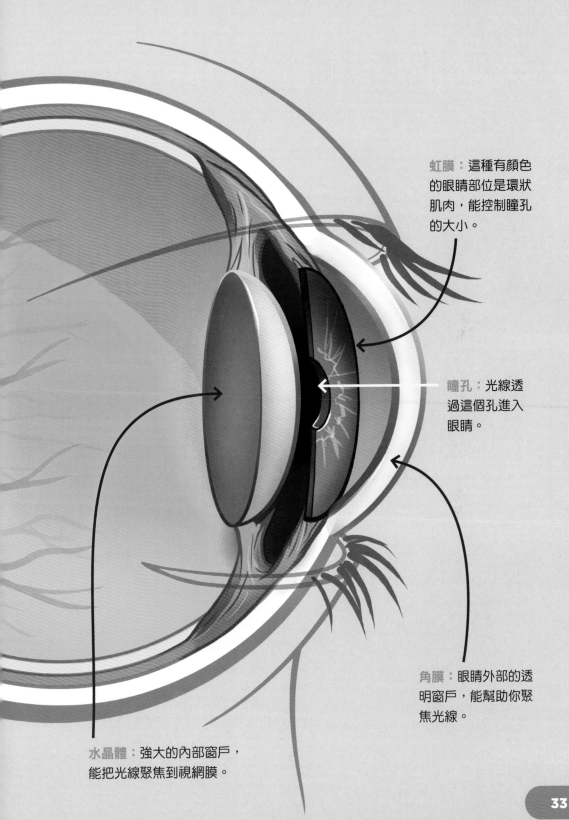

虹膜：這種有顏色的眼睛部位是環狀肌肉，能控制瞳孔的大小。

瞳孔：光線透過這個孔進入眼睛。

角膜：眼睛外部的透明窗戶，能幫助你聚焦光線。

水晶體：強大的內部窗戶，能把光線聚焦到視網膜。

尋找你的盲點

除了視神經和眼睛連接的區域之外，你的整個視網膜都被特殊的感光神經細胞覆蓋了。這就是你的盲點！當光線到達你的盲點時，你看不到影像。通常，你不會注意到自己的盲點，因為大腦會幫你填補遺失的資訊。這就是為什麼，當我們過馬路的時候要注意左右兩邊，才能確保沒有車子闖進我們的盲點。

1 請夥伴拿著這本書，展開第34頁和第35頁，這樣你才能看到內容。

2 站在兩英尺外（61公分），並用手遮住你的右眼。

3 用左眼看第35頁上方的「×」，然後慢慢地向它走近，同時只專心盯著「×」。當你距離它一英尺（30.5公分）時，旁邊的黑點就會不見，因為黑點進入視網膜的盲點了。

4 用另一隻眼睛再試一次吧。

盲點測試

 ●

讓大腦猜一猜！

試一試下圖吧。當我們有盲點的時候，紫色的小點會發生什麼事？為什麼會變色？你的大腦怎麼彌補遺失的資訊呢？

 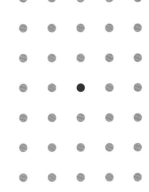

色盲是怎麼一回事？

有色盲的人無法看到某些顏色的差異。例如：紅色、綠色和藍色。下方的測試是檢查彩色視覺的常用方法。如果有人看不到圓圈內的數字，那麼他可能是色盲。

1 遮住右眼，測試左眼。你能讀出圓圈內的數字嗎？

2 遮住左眼，測試右眼。

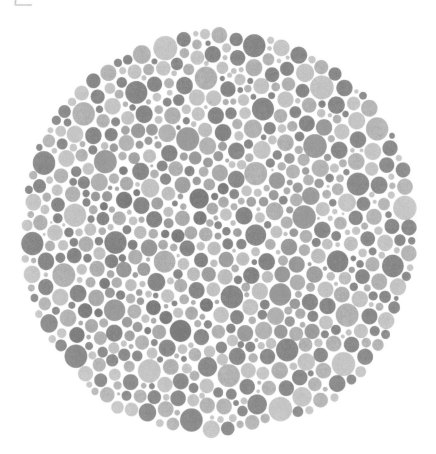

為什麼有些人需要戴眼鏡？

許多人的視力模糊，需要戴眼鏡或隱形眼鏡才能看清楚。有些人要靠近一點，才能看清楚，而有些人要離得遠一點，才能看得更清楚。這些區別是由眼球的形狀所造成。

近視	正常視力	遠視
	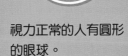	
近視的人有比較長的眼球。 他們能看清楚近距離的物體，卻看不清楚遠方的物體。	視力正常的人有圓形的眼球。 他們能看清楚近距離和遠方的物體。	遠視的人有比較短的眼球。 他們看不清楚近距離的物體，卻能看清楚遠方的物體。

保護你的眼睛

蔡醫生 有話要說

長時間盯著螢幕，會導致眼睛乾澀、視力模糊和頭痛。為了保護你的眼睛，休息一下，看看窗外吧。花一點時間到戶外走走也有幫助。

你知道眼睛會被曬傷嗎？太陽的紫外線會損害角膜，造成疼痛，並使你的視力模糊。當你在戶外的時候，要戴上能阻擋紫外線的太陽眼鏡喔。

聽覺

音樂、雨聲、說話聲、狗的吠叫聲、汽車的喇叭聲……所有的
聲音都會產生我們看不到的聲波，而聲波會經過空氣進入你的
耳朵。然後，你的兩隻耳朵會共同合作，找出你
周圍的噪音來自哪裡。每隻耳朵都有三個部分：
外耳、中耳和內耳。

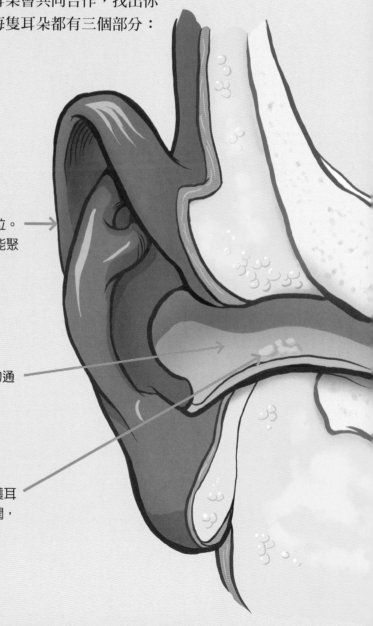

- 外耳
- 中耳
- 內耳

耳廓：你可以看到的耳朵部位。
耳廓的運作方式很像漏斗，能聚
集我們看不到的聲波。

耳道：外耳和中耳之間的通
道。聲波會經過這裡。

耳屎：這種油性的物質保護耳
朵的方式是維持耳道的濕潤，
並阻擋汙垢、灰塵和細菌。

中耳骨：
當聲波到達鼓膜，鼓膜的震動會引起中耳的三塊骨頭跟著震動。錘骨、砧骨以及鐙骨，是人體中最小的骨頭。

耳朵不休息

你睡覺的時候，耳朵還是能聽到聲音。但是，你的大腦通常會忽略細微或熟悉的聲音，所以你能好好的休息。

半規管： 這些彎曲部分能檢測動作，並幫助你保持平衡。

鐙骨

砧骨

錘骨

神經

耳蝸： 蝸牛造型，充滿了幾千個微小的毛細胞，能察覺聲音的震動，並捕捉聲波，把聲波轉化成傳遞給大腦的神經訊號。

耳咽管： 這個通道把耳朵連接到鼻子後方和喉嚨。

鼓膜： 這層薄薄的膜將你的耳道和中耳隔開。聲波能使鼓膜震動。

製作耳朵模型

一起來瞭解，聲音如何進入耳朵吧！

材料

❖ 一個小氣球
❖ 一個廚房紙巾的紙管
❖ 一根可彎的吸管
❖ 一張薄薄的硬紙板。例如：麥片盒或點心盒的紙板。尺寸至少有 4×6 英吋

❖ 一個捲筒式衛生紙的紙管（製作支架，可略過）
❖ 剪刀
❖ 膠帶
❖ 鉛筆

1　用剪刀剪掉氣球的束口。在長紙管的尾端攤開氣球，把氣球當成鼓膜。

2　折一下可彎的吸管，用膠帶把短的那一端黏在氣球上。吸管代表中耳骨。

3　沿著長紙管的開口，在紙板上描出圓形。用剪刀在這個圓形中間戳一個洞，然後把圓形剪下來。在圓洞的旁邊畫上耳朵後，把紙管塞進耳朵的圓洞。

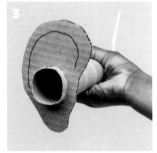

4　可略過：幫你的耳朵模型製作支架，作法是，先剪掉短紙管大約三分之一的部分，然後一端切成 U 形，讓大紙管可以放在上面。請參考右下方的照片。

蔡醫生
有話要說

讓你的耳朵遠離刺耳的噪音

聲音太大會傷害耳蝸,導致永久性聽力損傷。對小朋友來說,響亮的聲音聽起來會變得比較大聲,因為聲音在較小的耳道中增強了。以下,是一些保護耳朵和聽力的方法。

❖ 遠離響亮的聲音。例如:鏈鋸機或手提電鑽。

❖ 聽音樂、玩電玩遊戲、看電視或串流影片的時候,盡量把音量調低。

❖ 打鼓、聽音樂會、參加吵鬧的體育比賽或其他活動,戴上耳塞或耳罩保護聽力。

把你的嘴巴貼在紙管的開口,試著發出不同的聲音:高音、低音、大聲、小聲。感受一下震動!

你有看到鼓膜(氣球)和中耳骨(吸管)在動嗎?

聽力損失的人
如何聽到聲音？

有些人天生耳聾（意思是聽不清楚），而有些人在晚年的生活喪失聽力。他們可能會決定使用小型的機器，幫助自己聽得更清楚。但是，有很多聽不見的人都不喜歡戴上助聽器，寧願過著聽不到聲音的生活。

助聽器的作用就像麥克風和擴音機，能使聲音變大。

人工電子耳有微小的電極，經由手術置入皮膚底下。電極能刺激聽覺神經。

一窺你的耳朵

醫生用一種叫做「耳鏡」的特殊放大鏡，檢查你的耳道和鼓膜。小朋友的耳道比較短且直，所以多餘的液體很難排出去。這就是為什麼小朋友的耳朵比成年人更容易有感染的問題。哎喲！有些耳朵感染是由病毒引起，能自行好轉。而有些耳朵感染是由細菌引起，可以用抗生素的藥物治療。

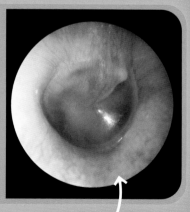

這就是醫生經常看到的部位：
光滑又有光澤的正常鼓膜。

手語

手語是許多聾人重要的溝通方式。聽力正常的人也可以用手語交流，並歡迎別人一起參與對話。跟口頭語言一樣的是，不同國家的手語也有不一樣的單字和文法。下方，是美國手語呈現英文字母的手勢。動一動你的雙手和手指。你能拼出自己的名字嗎？

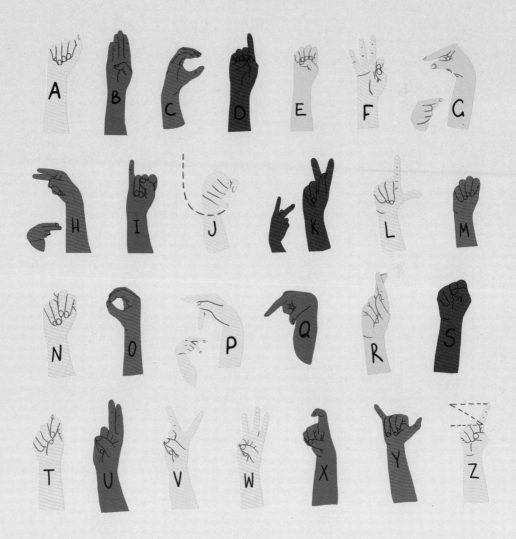

味覺和嗅覺

你要怎麼知道食物或飲料是好是壞？你的鼻子和嘴巴是互通的，能一起察覺飲食是否安全，以及該避免哪些食物。當你聞到美味食物的氣味時，可能會變得很興奮，甚至在品嚐之前就開始分泌唾液！

五種口味

舌頭上有許多的味蕾，可以嚐到五種主要的味道：甜味、鹹味、酸味、苦味、鮮味。

甜味通常來自含糖的食物。

鹹味來自一種叫做鈉的礦物質。.

有酸味的食物通常是酸性的。

苦味通常來自植物。

這個名詞在二十世紀初出現，是最後一種公認的口味。鮮味這個詞彙的意思是：「美味可口。」

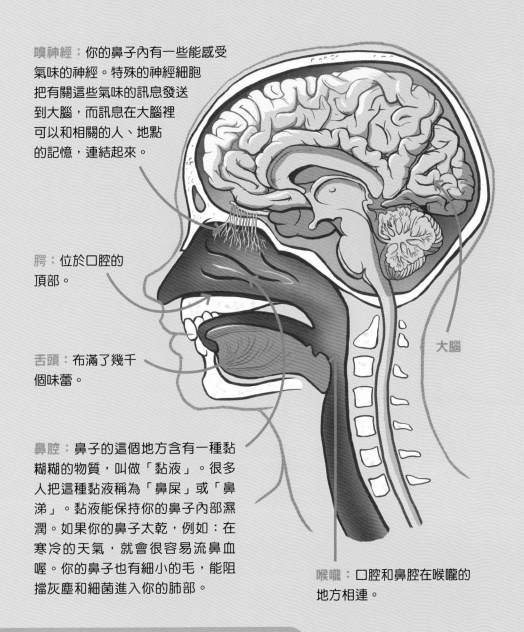

嗅神經：你的鼻子內有一些能感受氣味的神經。特殊的神經細胞把有關這些氣味的訊息發送到大腦，而訊息在大腦裡可以和相關的人、地點的記憶，連結起來。

腭：位於口腔的頂部。

舌頭：布滿了幾千個味蕾。

鼻腔：鼻子的這個地方含有一種黏糊糊的物質，叫做「黏液」。很多人把這種黏液稱為「鼻屎」或「鼻涕」。黏液能保持你的鼻子內部濕潤。如果你的鼻子太乾，例如：在寒冷的天氣，就會很容易流鼻血喔。你的鼻子也有細小的毛，能阻擋灰塵和細菌進入你的肺部。

大腦

喉嚨：口腔和鼻腔在喉嚨的地方相連。

聞不到嗎？那你也嚐不到！

如果你的鼻子受到感染或過敏，導致鼻塞或流鼻水的話，你可能無法聞到氣味。鼻子和嘴巴需要合作，所以如果你聞不到任何的氣味，應該也很難嚐得出食物的味道。你遇過這種情況嗎？

聞一聞口味？

如果不能偷看，你能靠嗅覺辨認出多少食物呢？邀請夥伴參與這項活動，測試一下他的鼻子吧！你測試完他的鼻子後，再測試他的味蕾，看看他能不能猜出充滿驚喜的食物。

材料

- ⁙ 用來蓋住眼睛的圍巾或頭巾
- ⁙ 各種不同口味的食物。例如：甜的水果、酸的水果、苦的蔬菜或黑巧克力、鹹的醬汁等
- ⁙ 小杯子和湯匙

1 蒙上夥伴的眼睛。

2 把食物樣品分別放在不同的杯子裡，確保夥伴看不到你放了哪些食物。

3 每次只拿一種食物到夥伴的鼻子下方。夥伴能聞出這是什麼食物嗎？

4 接著，小心地用湯匙餵夥伴吃下，並且請夥伴描述一下味道和口感。夥伴能猜到是什麼食物嗎？

安全提醒：在你展開這項活動之前，要瞭解夥伴有沒有對任何食物過敏。如果有需要，請更換食物樣品。另外，要確定夥伴的坐姿端正。為了避免窒息的風險，請把食物切成小塊。

李子

檸檬

醬油

黑巧克力

觸覺

在你出生之前，當你還在媽媽的肚子裡，觸覺是身體發展出來的第一種感官。皮膚充滿了神經，而你無法關閉神經。多虧了這些神經，你觸摸這一頁的時候，手指能感受到紙張是平滑的，但是紙角有點尖。皮膚有不同類型的神經，所以你能感受到皮膚接觸的物品是燙的、冰的、尖銳、柔軟或堅硬。

熱　　冷　　疼痛　　輕觸　　壓力

神經
末梢

用觸摸的方式閱讀

對很多盲人來說，觸摸是他們吸收新資訊的主要方式。「點字」，在一八二四年發明，是一種可以用手指閱讀的凸點系統。

你感覺到了嗎？

這項實驗是為了測試你身體的哪些部位對觸碰很敏感。做法是，研究身體對兩點（不是一點）觸碰的感受程度。對大多數的人來說，指尖和臉部是身體最敏感的部位。

材料

❖ 三枝迴紋針
❖ 尺

1 先把三枝迴紋針拉直，再彎成U形。用尺把第一枝迴紋針的尖端攤開四分之一英吋（0.5公分）。把第二枝迴紋針的尖端攤開二分之一英吋（1.25公分）。把第三枝迴紋針的尖端攤開四分之三英吋（2公分）。

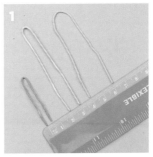

2 請夥伴閉上眼睛。輕輕地把四分之一英吋的迴紋針尖端，壓在他的手臂或手背上。尖端的兩點要同時接觸他的身體。

3 問夥伴感覺到兩個點？還是只有一個點？如果他只感覺到一個點，那就用比較寬的迴紋針，再試一次。

4 在不同的部位重複測試。例如：手掌、手腕或身體的其他部位。哪些部位很敏感？哪些部位不太敏感？

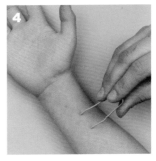

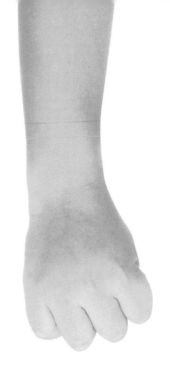

為什麼有些人的膚色不一樣？

皮膚有好幾種顏色！你的皮膚細胞產生多少的黑色素，能決定你的膚色。天生膚色深的人比天生膚色淺的人，有更多的黑色素。

皮膚系統

你的外表

皮膚是人體的最大器官，擁有的專屬系統叫做皮膚系統。

這種天生的特殊防護層，能幫助你維持正常的體溫。當你覺得熱，而且流汗的時候，汗液會從你的皮膚蒸發，讓你覺得涼快。但是，當你覺得很冷的時候，皮膚的血管會收縮，才能保持體內的溫度。雖然你的皮膚很薄，卻也是防止細菌入侵的重要保護層。

皮膚內的祕密

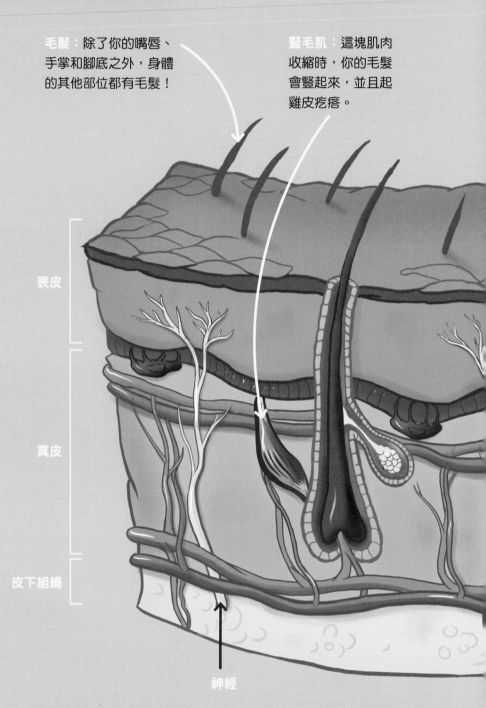

毛髮：除了你的嘴唇、手掌和腳底之外，身體的其他部位都有毛髮！

豎毛肌：這塊肌肉收縮時，你的毛髮會豎起來，並且起雞皮疙瘩。

表皮

真皮

皮下組織

神經

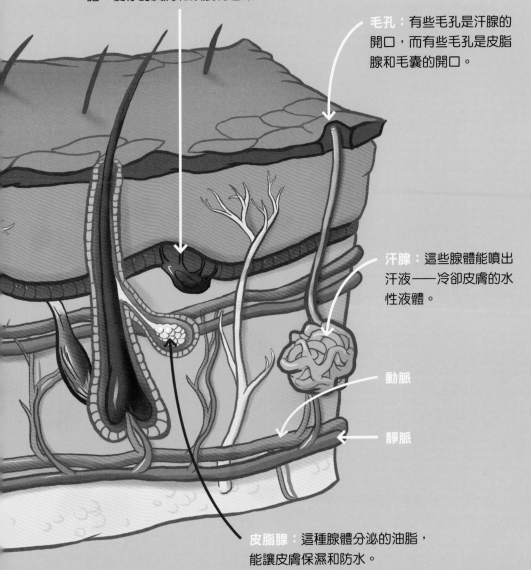

黑色素細胞：這種製造黑色素的細胞，使你的皮膚和頭髮有色素。

毛孔：有些毛孔是汗腺的開口，而有些毛孔是皮脂腺和毛囊的開口。

汗腺：這些腺體能噴出汗液——冷卻皮膚的水性液體。

動脈

靜脈

皮脂腺：這種腺體分泌的油脂，能讓皮膚保濕和防水。

製作立體的皮膚模型

雖然人們的膚色不同，皮膚內部的構造卻差不多。一起來認識皮膚，用家裡的物品來製作立體模型吧！

材料

- ⁘ 有硬紙板的鞋盒或面紙盒
- ⁘ 褐色、粉紅色和黃色的紙
- ⁘ 毛根
- ⁘ 粉紅色的碎布
- ⁘ 紅色、藍色和黃色的紗線
- ⁘ 膠帶
- ⁘ 膠水
- ⁘ 剪刀
- ⁘ 美工刀

1 用膠帶或膠水，把褐色、粉紅色和黃色紙黏在盒子上（請參考右邊的照片），做出皮膚的主要三層：表皮、真皮、皮下組織。用膠水把兩枝毛根黏在盒子的側面，當作毛髮。

2 用剪刀從粉紅色的布料剪下幾個圓形，並用膠水黏在粉紅色的紙上，當作真皮裡的皮膚細胞。

3 在你想放上紅色紗線和藍色紗線（血管）的地方，擠出細細的膠水，然後黏上紗線。

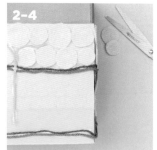

4 在你想放上黃色紗線（神經）的地方，擠出細細的膠水，然後黏上紗線。

5 請大人幫你用美工刀在盒子的頂部戳幾個洞，當作皮膚表面的毛孔。把幾枝短毛根插進洞裡，做出許多的毛髮。

測試太陽的威力

對某些人來說，太陽的紫外線會刺激黑色素細胞（製造黑色素的細胞），產生更多的黑色素，使膚色變得更深，所以能保護皮膚。當一個人被曬黑的時候，就會出現這種情形。但是，紫外線也會導致皮膚灼傷，變得紅紅的、瘙癢和疼痛。太陽很強大！來做以下的實驗，看看一張紙放在陽光下會發生什麼事吧。

材料

∴ 一張褐色的粉彩紙（8½×11英吋）
∴ 一張廢紙（4×5½英吋）
∴ 麥克筆

1 在大張的褐色粉彩紙上，分別沿著你的雙手描出輪廓，並註明一隻手「被蓋上」、另一隻手「沒有被蓋上」。

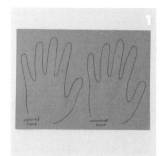

蔡醫生有話要說

保護你的皮膚

到戶外走走，能讓你感覺更快樂、更健康，而且你的皮膚會將陽光轉化成維生素D。但是，吸收太多陽光中的紫外線會使你曬傷。紫外線也會使你的皮膚老化得更快（產生皺紋），並增加罹患皮膚癌的風險。不管你的膚色是什麼，都要注意保護皮膚，尤其是在陽光最強烈的時段：上午十點到下午四點。以下是一些阻擋紫外線的方法。

∴ 穿長袖上衣和長褲。　　∴ 待在陰涼的地方。　　∴ 塗上防曬乳。如果你
　　　　　　　　　　　　∴ 戴帽子和太陽眼鏡。　　去游泳或流汗了，至
　　　　　　　　　　　　　　　　　　　　　　　　少每隔兩小時要再擦
　　　　　　　　　　　　　　　　　　　　　　　　一次防曬乳。

2 用廢紙蓋住註明「被蓋上」的手。這就像用穿衣服或塗上防曬乳的方式保護皮膚。

3 把這張紙放在陽光充足的地方，並在接下來的幾天觀察「被蓋上」和「沒有被蓋上」的手，有什麼變化。

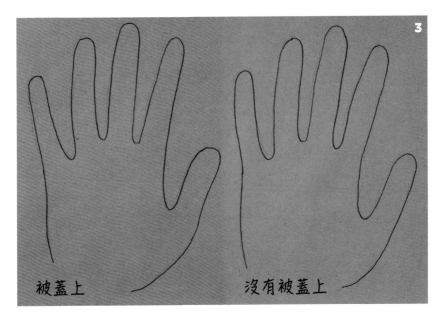

被蓋上　　　　　　沒有被蓋上

你脫皮了！

不是像蛇那樣突然脫皮啦，而是一直都在慢慢脫皮。這是因為你的皮膚不斷脫落死細胞。你家裡很多的灰塵都是死皮！你的皮膚表層，每個月都會更新！

人體最薄的皮膚是眼皮（0.5毫米），而最厚的皮膚是後腳跟（4毫米）。

骨骼系統

骨架

輕輕地敲你的額頭、手肘和指關節，你會感覺到組成骨骼的一些硬骨頭。每塊骨頭不僅帶給你的身體力量，而且組成身體的結構。如果你沒有骨頭，就只剩下軟綿綿的身體！

骨頭也能儲存骨髓。骨髓是身體製造重要的血細胞的地方。

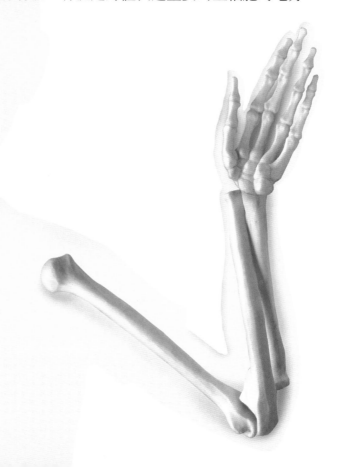

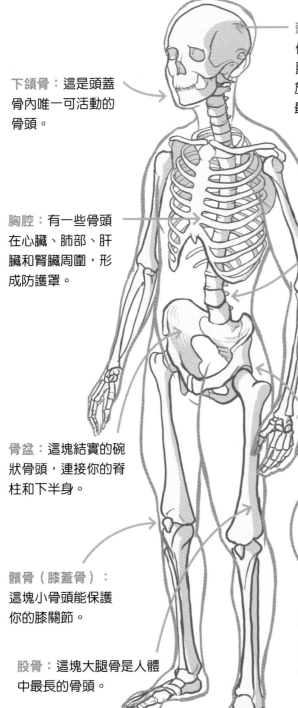

頭蓋骨：堅硬的頭蓋骨就像頭盔，能保護脆弱的大腦、眼睛和耳朵。耳骨位於頭蓋骨的下方，是全身最小的骨頭。那裡的骨頭全加在一起，大概只有一顆豌豆那麼大。

下頜骨：這是頭蓋骨內唯一可活動的骨頭。

脊椎：這組骨頭使你的身體保持筆直。你出生時，有三十三塊脊椎骨。你成年之後，有二十四塊脊椎骨，因為脊柱底部的一些骨頭融合在一起了。

胸腔：有一些骨頭在心臟、肺部、肝臟和腎臟周圍，形成防護罩。

骨盆：這塊結實的碗狀骨頭，連接你的脊柱和下半身。

髕骨（膝蓋骨）：這塊小骨頭能保護你的膝關節。

尾椎骨：等一下，人類沒有尾巴呀！但是，當你坐著的時候，這塊重要的骨頭能支撐你的重量。許多的肌肉、韌帶和肌腱，都與尾椎骨相連。

股骨：這塊大腿骨是人體中最長的骨頭。

骨頭會變

科學家和偵探能透過觀察一個人的骨頭來判斷他的年齡！這是因為嬰兒和兒童的骨頭比較軟，主要由軟骨（堅韌的組織）組成。其實，嬰兒的手腕和膝蓋骨沒有硬骨，只有軟骨。他們長大後，軟骨會漸漸被更硬的骨頭取代。

另一個很大的差別是，有些骨頭會漸漸融合在一起。我們出生時，大約有三百塊各種形狀和大小的骨頭。成年後，只有二百零六塊骨頭。

嬰兒的頭蓋骨

嬰兒或幼兒出生時，沒有牙齒，直到六到十二個月大的時候，才開始長牙齒。大多數的小朋友在三歲的時候，已經長了二十顆牙齒。

頭蓋骨的彈性空間給了大腦生長的空間。

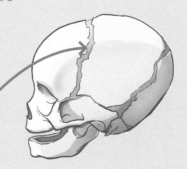

成年人的頭蓋骨

你掉了幾顆牙齒？大概在五、六歲的時候，小朋友開始掉乳齒。他們的頭蓋骨生長時，下頜骨有更大的空間能容納恆齒。恆齒總共有三十二顆，都是在青少年時期長出來的。

頭蓋骨漸漸結合，不留縫隙。

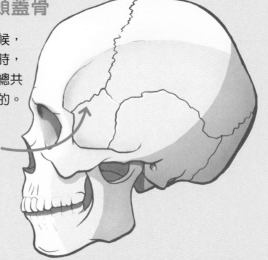

骨頭裡面有什麼？

骨頭的外表很硬，但是內部充滿了柔軟的骨髓。

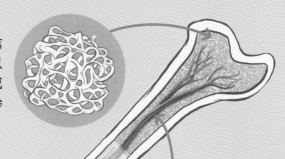

海綿骨：骨頭的兩端含有紅骨髓，其中有可以變成紅血球、白血球或血小板的幹細胞（請參考第79頁）。

密質骨：堅硬又結實的外層。

血管：骨頭的中間有血管，能把氧氣和養分輸送到骨頭。

黃骨髓：主要由脂肪組成，也含有可以變成軟骨、脂肪或骨細胞的幹細胞。

蔡醫生 骨話要說

讓骨頭變強健！

　　骨頭需要鈣質來保持堅固和健康。幫骨頭補充鈣質的最好方法，是從飲食下手。牛奶、豆腐、鮭魚、杏仁，以及羽衣甘藍、菠菜等深綠色蔬菜，都富含鈣質。另外，像跳躍、跑步、跳舞、散步之類的活動，也能幫助你的骨頭保持強健。

用鹽麵糰製作骨頭

雖然骨頭的表面看起來簡單又光滑，但是內部豐富又精彩！我們可以用鹽麵糰做出骨頭內外的樣子和觸感。下方的作法，能引導你製作四塊大約四英吋長（10公分）的骨頭。如果你想做更多的骨頭，只需要重複同樣的作法喔！

材料

- ❖ ¾杯中筋麵粉
- ❖ ½杯鹽
- ❖ ½杯水
- ❖ 黃色和紅色的壓克力顏料
- ❖ 藍色和紅色的線
- ❖ 烤盤
- ❖ 烘焙紙
- ❖ 小型攪拌盆
- ❖ 攪拌棒
- ❖ 叉子和餐刀
- ❖ 細畫筆
- ❖ 剪刀
- ❖ 膠水

1　將烤箱預熱到120度。在烤盤上鋪上烘焙紙。

2　把麵粉和鹽倒入碗中，攪拌均勻。一邊攪拌，一邊慢慢地加水。

3　攪拌到麵粉濕潤均勻為止，接著拌揉，直到麵糰不再黏稠。

4　把麵糰分成四球，每一球的直徑大約1½英吋（4公分）。把這四球放在鋪著烘焙紙的烤盤上。

5　用手掌把每一球搓成四條，大約4英吋長（10公分）的棍子狀。再輕輕地捏整中間的部分，做出骨頭的樣子。

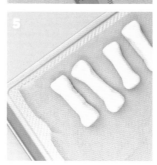

6 大約烘烤一個小時，然後用叉子輕輕
地檢查骨頭的質地。骨頭稍微變硬的
時候，便可以從烤箱取出，放涼。

7 把骨頭翻面，用叉子和餐刀雕刻出中
間的部分。接下來的幾天，骨頭會漸
漸變乾、變硬。

8 把鏤空的中心塗成黃色，代表黃骨髓。
把鏤空的兩端塗成紅色，代表紅骨髓。

9 剪下藍色和紅色的線，當作血管（動
脈和靜脈）。用膠水把這些線沿著骨
頭的中央黏好。如果你願意的話，可
以利用剩下的骨頭重複整個流程。

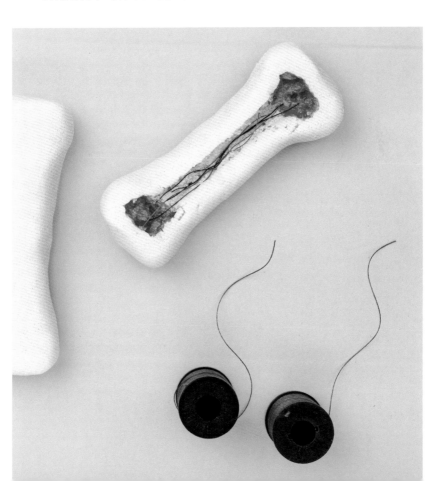

為什麼骨頭會斷？

你的骨頭斷過嗎？或者，你有認識的人遇過這種事嗎？通常，骨頭的硬度足以應付移動、玩耍和運動。但是，摔倒的力度太大，有時候會突然施加過大的壓力到骨頭上，導致骨頭破裂，也就是所謂的「骨折」。

X光片

如果醫生要檢查骨頭是不是骨折了，可以拍X光片。X光片是特殊的黑白照片，能顯示皮膚下的骨頭長什麼樣子。看看下方的手臂X光片。你的前臂有兩塊骨頭：尺骨和橈骨。有時候是其中一塊骨折，有時候是兩塊都骨折。

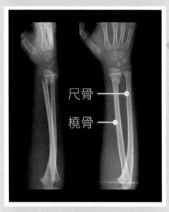

尺骨
橈骨

正常的前臂

你能找出哪裡有骨折嗎？

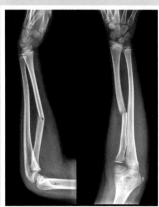

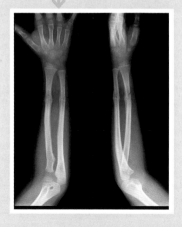

骨頭怎麼癒合呢？

骨折很痛！由於疼痛、腫脹和瘀青，有骨折的人在骨頭癒合之前，骨折的部位無法正常移動。為了讓骨頭保持在正確的位置，需要用夾板或石膏固定。有些人則是需要靠手術修復嚴重的骨折。

骨折可能需要幾週或幾個月才能痊癒。通常，小朋友比成年人更快痊癒，因為小朋友還在發育，不斷地長出新的骨頭。

下圖，是骨折痊癒後的樣子：

發生骨折後	過幾天後	又過了幾週或幾個月

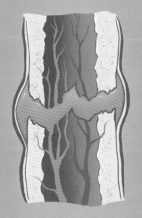

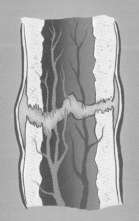

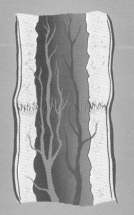

血液從破裂的血管流出，聚集在骨折周圍。

形成骨痂，連接骨頭斷裂的兩端，並取代血液。

形成新的骨頭，漸漸取代骨痂。

該休息了！石膏能固定破裂的骨頭，並幫助骨頭癒合。

肌肉系統

做出有力的動作

你想聳肩嗎？斜方肌能幫你。你想踢球嗎？四頭肌和大腿後肌能幫你。你想游自由式嗎？背闊肌能幫你。每次當你想移動的時候，有力量的肌肉會收縮（擠壓）和放鬆，讓你能夠移動。

臉部肌肉

透過微笑、眉毛上揚、皺眉頭、噘嘴等動作，臉部肌肉能協助你表達情緒。

骨骼肌覆蓋了你的全身，藉著肌腱附著在骨頭上。這是你唯一能控制的肌肉。當骨骼肌收縮時，會拉動附著的骨頭，使身體的部位移動。

每隻耳朵裡的鐙骨肌是身體最小的肌肉。

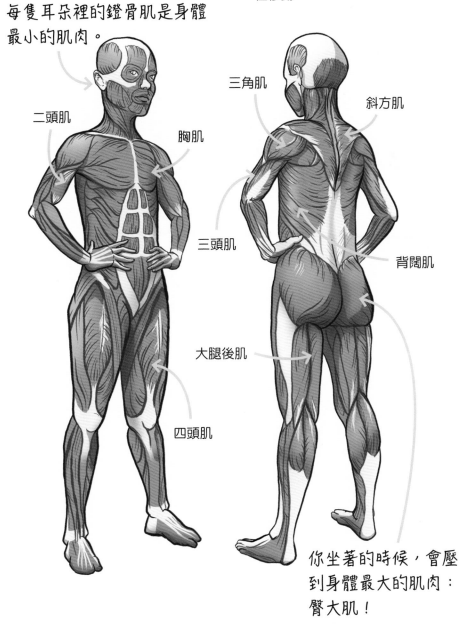

二頭肌

胸肌

三頭肌

大腿後肌

四頭肌

三角肌

斜方肌

背闊肌

你坐著的時候，會壓到身體最大的肌肉：臀大肌！

三種肌肉

大多數的人都知道自己在操場上玩耍和運動時，會運用到哪些肌肉。但是你可知道，身體內的某些器官也是肌肉嗎？你的身體有三種肌肉：

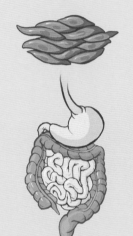

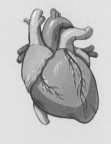

平滑肌分布於血管、尿道和消化道。

心肌把血液輸送到全身。

有超過六百塊骨骼肌支撐著你，讓你能朝著不同的方向移動。

蔡醫生 有話要說

持續運用肌肉

讓肌肉保持強壯的最好方法，就是持續運用肌肉！以下，是一些維持肌肉強壯和活躍的有趣方法。你喜歡做哪些活動呢？你還能想到其他的活動嗎？

✜ 玩「鬼抓人」遊戲

✜ 跳繩和「跳房子」遊戲

✜ 騎腳踏車和滑板車（當然要戴安全帽！）

✜ 吊單槓和攀爬

✜ 游泳、踢足球、打籃球、跳舞、做體操或其他運動

二頭肌如何運作

骨骼肌移動骨頭的方式是拉動，不是推動。所以，骨骼肌成雙成對地來回移動骨頭。你應該聽說過二頭肌和三頭肌吧？這些都是上臂的一對肌肉。

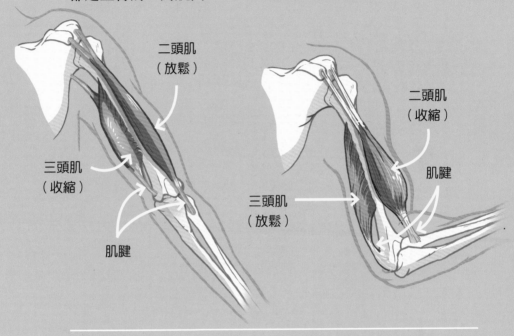

二頭肌（放鬆）

三頭肌（收縮）

肌腱

二頭肌（收縮）

肌腱

三頭肌（放鬆）

豎毛肌？

沒錯，你的毛髮也有肌肉。其實每一根毛髮都有專屬的肌肉！當你覺得寒冷或興奮的時候，微小的豎毛肌會收縮，使你的毛髮豎起來，起雞皮疙瘩。

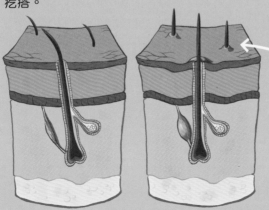

豎毛肌收縮時，雞皮疙瘩就會出現，然後你的毛髮就豎起來了！

幫二頭肌打氣

來製作二頭肌如何運作的模型吧。只要你充氣，二頭肌就會收縮喔。觀察一下，二頭肌怎麼抬起前臂！

材料

- ❖ 一張手掌大小的硬紙板
- ❖ 兩張長的硬紙板，每張11×2英吋（28×5公分）
- ❖ 狹長的塑膠袋，例如：麵包袋
- ❖ 吸管

- ❖ 鉛筆
- ❖ 剪刀
- ❖ 紙膠帶
- ❖ 尺

1 把你的手放在小張的硬紙板上，沿著輪廓描出手的形狀，然後剪下來。

2 用膠帶把兩張長的硬紙板黏在一起，做出手臂，但是不重疊。用膠帶把剪下的手黏在手臂的一端。膠帶代表手腕和肘關節。

3 用塑膠袋包住吸管的尾端，並用膠帶密封起來。袋子代表放鬆的二頭肌。

4 用尺測量一條5英吋長（12.5公分）的膠帶，並用這條膠帶把塑膠袋底部黏在前臂的中間。

5 用膠帶把吸管黏在手臂的頂端。

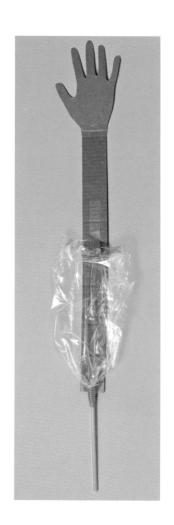

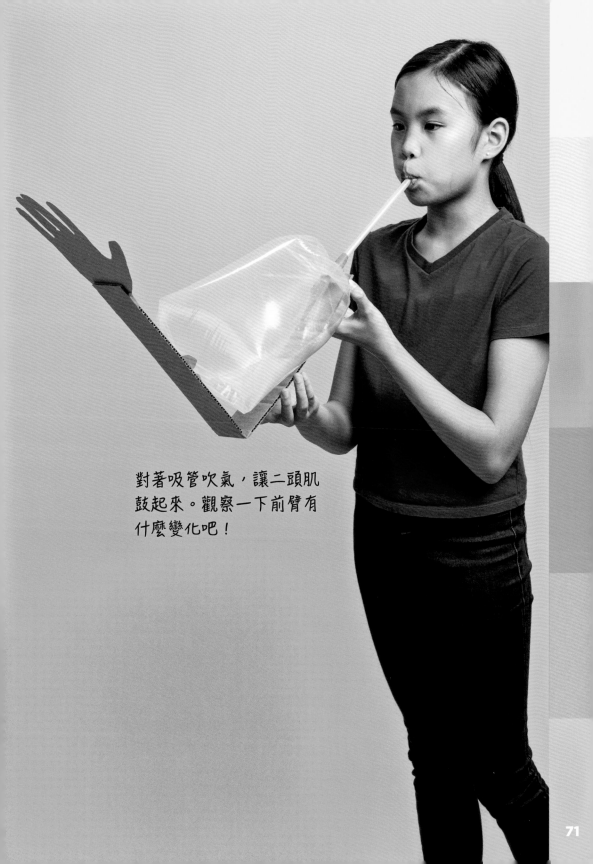

對著吸管吹氣，讓二頭肌鼓起來。觀察一下前臂有什麼變化吧！

增強體質和伸展

為了探索肌肉怎麼運作，你可以試試下面快速的健身方法。首先，在墊子或毯子上找到舒適的位置。你做運動的時候，能感覺到哪些肌肉在運作嗎？做完運動後，請記得做伸展動作。感受一下肌肉放鬆了！

請注意：如果醫生要求你在受傷、剛做完手術或遇到其他嚴重的情況後休息和療傷，請略過這一篇。

橋式

1　平躺下來，手臂放在身體的兩側，手掌貼地。

2　彎起你的膝蓋。雙腳分開，平穩地踩在地上。

3　臀部離開地面，維持五秒。你的身體從肩膀到膝蓋要形成一條直線。

4　慢慢讓臀部放回地面。

5　如果你覺得舒服，重複做十次以上吧。

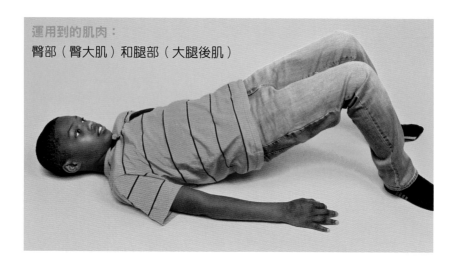

運用到的肌肉：
臀部（臀大肌）和腿部（大腿後肌）

扶牆挺身

1 站在離牆壁一隻手臂遠的位置，雙腳的距離與肩膀一樣寬。

2 把雙手放在牆壁上。雙手的距離比肩膀寬一點。

3 身體往前傾，直到鼻子碰到牆壁為止。身體形成一條直線。

4 把身體推回到原本的位置。

5 如果你覺得舒服，重複做十次以上吧。

運用到的肌肉
胸部（胸肌）
手臂（三頭肌和三角肌）
背部（斜方肌和背闊肌）

嬰孩式

1 先跪在地上，坐在腳後跟，兩腳的大拇趾在後方互碰。

2 慢慢地低下頭，讓頭部放在地板上休息。

3 雙手放在身體兩側，或往頭頂伸直。

4 放輕鬆，慢慢地呼吸。

運用到的肌肉：
中背、下背（背闊肌）

循環系統

圖解血液流動

心臟是身體中最努力工作的肌肉，從不休息。在每一次的心跳，心臟把血液輸送到你所有的器官之前，要經過六萬英里（96,000公里）的血管！血液會經過三種血管：動脈、靜脈以及微血管。

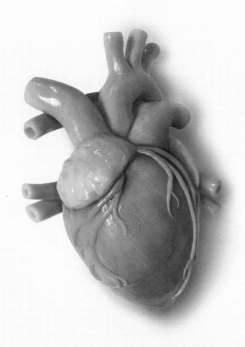

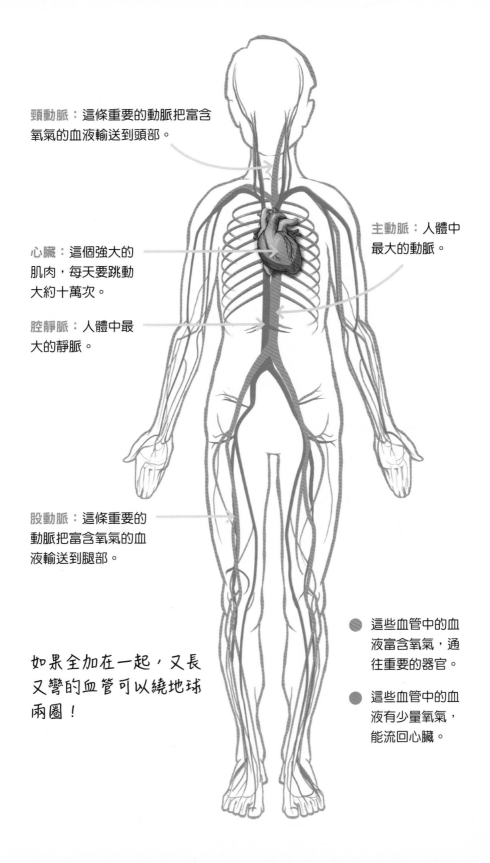

頸動脈：這條重要的動脈把富含氧氣的血液輸送到頭部。

心臟：這個強大的肌肉，每天要跳動大約十萬次。

腔靜脈：人體中最大的靜脈。

主動脈：人體中最大的動脈。

股動脈：這條重要的動脈把富含氧氣的血液輸送到腿部。

如果全加在一起，又長又彎的血管可以繞地球兩圈！

● 這些血管中的血液富含氧氣，通往重要的器官。

● 這些血管中的血液有少量氧氣，能流回心臟。

心臟裡有什麼？

心臟分為四個腔室。上面兩個腔室都稱為「心房」，而下面兩個腔室都稱為「心室」。隔膜，將心臟分成左右兩邊。上方的心房和下方的心室之間有幾個瓣膜，像門一樣能開啟和關閉。

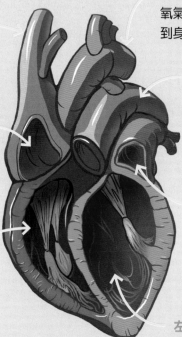

主動脈： 這條大動脈把富含氧氣的血液，從左心室輸送到身體的其他部位。

腔靜脈： 這條大靜脈把體內缺氧的血液送回心臟。

肺動脈： 這條大動脈把缺氧的血液輸送到肺部，而二氧化碳在肺部被清除，增加了氧氣。

右心房： 這個腔室從腔靜脈收集血液。

左心房： 這個腔室收集了肺靜脈從肺部帶來富含氧氣的新鮮血液。

右心室： 這個腔室把缺氧的舊血液輸送到肺動脈。

左心室： 心臟中最大、最堅固的腔室，能把富含氧氣的血液輸出主動脈。

蔡醫生有話要說

健康的心臟！

你知道大笑和放鬆對心臟有好處嗎？足球、網球、籃球、游泳、跳舞之類的運動，也能讓你的心臟保持強健。水果、綠色蔬菜、燕麥、豆類、堅果等健康食物富含營養成分，能保護你的心臟和血管。你喜歡做哪些活動？你特別喜歡吃哪些對心臟有益的食物？

檢查脈搏

脈搏,是心率的另一種說法。你的脈搏由數字表示,能讓你瞭解心臟在一分鐘內輸送血液到全身的次數。你能在手腕那一側感受到脈搏嗎?血液流過你的橈動脈了!

1 用兩隻手指(不是拇指)在手腕上找到脈搏。

2 當你感覺到搏動時,開始計算十五秒內有多少次搏動。

3 寫下你數完的數字,再乘以4,就能得到每分鐘的搏動次數。

4 跳躍或奔跑幾秒鐘後,再測量一次脈搏。有什麼差別嗎?你覺得變化的原因是什麼?

心臟跳得多快?

新生兒的心臟很小,尺寸跟核桃差不多,但是肌肉很有力,心跳也很快。他們的心臟輸送血液的速度,比年紀較大的兒童和成年人的心臟更快。你長大後,心臟會變得跟你的拳頭一樣大,輸送血液的速度會慢下來。你運動的時候,心跳會加快,與你的動作保持一致。

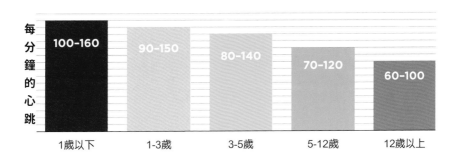

每分鐘的心跳	100-160	90-150	80-140	70-120	60-100
	1歲以下	1-3歲	3-5歲	5-12歲	12歲以上

好幾英里的血管

你有三種血管，能把血液輸送到全身。

動脈：把富含氧氣的血液，從心臟輸送到你的組織和器官。

靜脈：把缺氧的舊血液送回心臟。

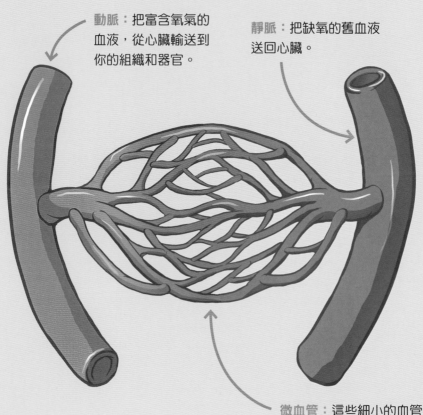

微血管：這些細小的血管連接著動脈和靜脈。氧氣和養分透過薄壁進入鄰近的細胞，同時清除廢物。

檢查微血管重新注滿的時間

另一種檢查血液循環的快速方法，是輕輕壓著指甲五秒鐘，直到指甲變白再放手。正常情況下，血液應該會重新注滿微血管，所以指甲應該在兩秒內恢復粉紅色。至於腳指甲，微血管重新注滿的時間比較長一點，通常不到四秒。

血液裡有什麼？

當你被割傷時會流血，因為血液從破裂的血管中流出。你會看到濃稠的紅色液體，而顯微鏡能讓你瞭解血液中的忙碌勞工：紅血球、白血球、血小板以及血漿。

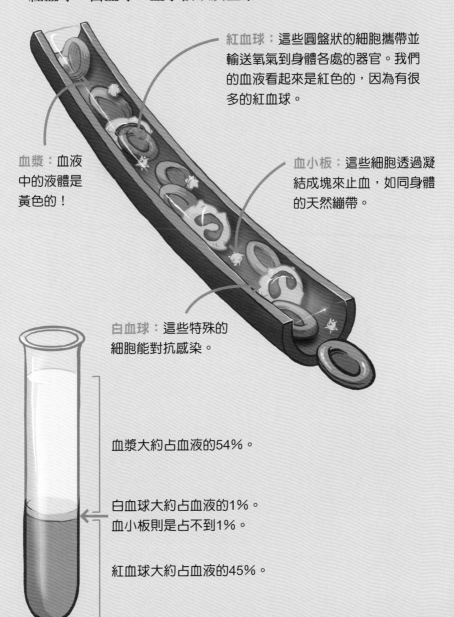

紅血球：這些圓盤狀的細胞攜帶並輸送氧氣到身體各處的器官。我們的血液看起來是紅色的，因為有很多的紅血球。

血漿：血液中的液體是黃色的！

血小板：這些細胞透過凝結成塊來止血，如同身體的天然繃帶。

白血球：這些特殊的細胞能對抗感染。

血漿大約占血液的54%。

白血球大約占血液的1%。
血小板則是占不到1%。

紅血球大約占血液的45%。

填滿微血管

雖然微血管是最小的血管，卻非常重要！藉著以下活動，你可以觀察血液如何流經微血管的網絡。

材料

∴ 一張白色卡紙或水彩紙
∴ 一小杯白開水
∴ 一小杯加了兩滴紅色食用
　色素的水
∴ 一小杯加了兩滴藍色食用
　色素的水

∴ 鉛筆
∴ 小枝的水彩畫筆
∴ 藥物注射器、滴管或移
　液管

1 用鉛筆在白色卡紙或水彩紙上勾勒出動脈、靜脈以及微血管連接的輪廓。如果你願意，可以按照第78頁的插圖描邊。

2 將畫筆沾取白開水後，開始描出血管的外邊，留下濕潤的線條。

3 將紅色食用色素的水裝入注射器。用注射器沿著紙張上的動脈，擠出紅色的水滴，盡量往中間擠。觀察一下紅色在濕潤的紙張上怎麼擴散開來。

4 將藍色食用色素的水裝入注射器，並在紙張上的靜脈重複同樣的流程。

觀察紅色和藍色在微血管的
網絡中流動！

缺氧的舊血液

富含氧氣的新鮮血液

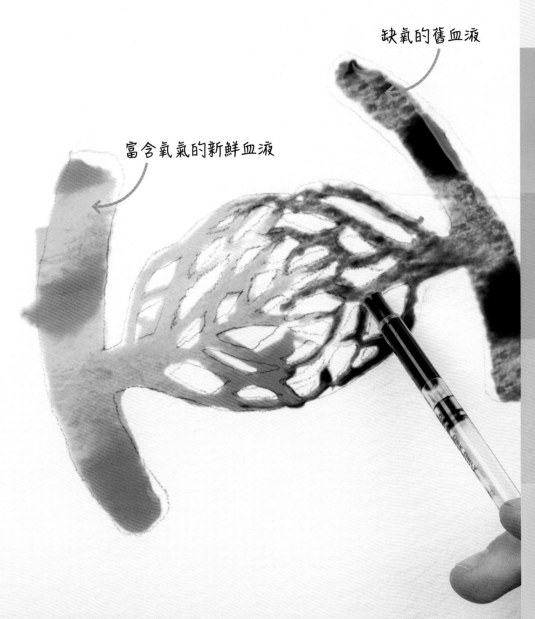

呼吸系統

重複吸氣、吐氣

肺部就像長出樹枝、會呼吸的樹，主幹稱為「氣管」。這個大型的呼吸道能細分成許多微小的支氣管。

每個呼吸道的尾端都有微小的氣囊，稱為「肺泡」。兩個肺都有幾百萬個肺泡，看起來像小氣球。新鮮的氧氣注入肺泡附近的動脈血液後，可以清除肺部的廢物。

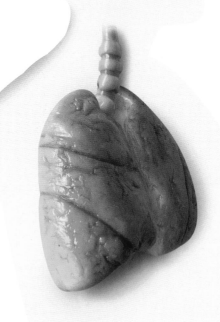

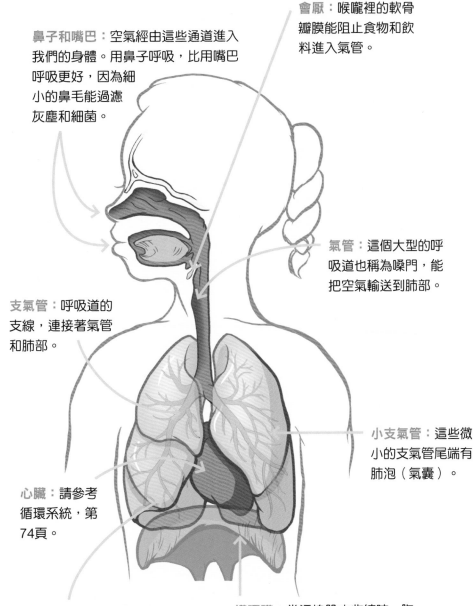

會厭：喉嚨裡的軟骨瓣膜能阻止食物和飲料進入氣管。

鼻子和嘴巴：空氣經由這些通道進入我們的身體。用鼻子呼吸，比用嘴巴呼吸更好，因為細小的鼻毛能過濾灰塵和細菌。

氣管：這個大型的呼吸道也稱為嗓門，能把空氣輸送到肺部。

支氣管：呼吸道的支線，連接著氣管和肺部。

小支氣管：這些微小的支氣管尾端有肺泡（氣囊）。

心臟：請參考循環系統，第74頁。

肺：大多數人有兩個肺，但是有些人只有一個肺。這些器官把新鮮的氧氣帶進體內，可以清除二氧化碳和其他廢物。

橫膈膜：當這塊肌肉收縮時，胸腔的空間會變大，空氣會進入肺部。這塊肌肉放鬆時，胸腔的空間會變小，將空氣排出肺部。

製作肺部模型

健康的肺和吸菸者的肺不僅看起來不一樣，運作方式也不同，這是因為香菸中的焦油會破壞肺的內部和外部。在以下的實驗中，我們能瞭解到，健康的肺（粉紅色氣球）多麼容易充滿空氣，而吸菸者的肺（黑色氣球）卻很難充滿空氣。

材料

∵ 有蓋子的寶特瓶
∵ 兩枝可彎曲的吸管
∵ 三個氣球（兩個粉紅色，一個
　黑色）

∵ 剪刀
∵ 紙膠帶或遮蔽膠帶
∵ 寶貼（sticky tack）或熱熔膠槍
∵ 美工刀

1　用剪刀剪掉寶特瓶的底部。用膠帶蓋住切口，讓邊緣顯得平滑。

2　用膠帶把兩枝可彎曲的吸管黏在一起，形成Y形，當作氣管和支氣管。

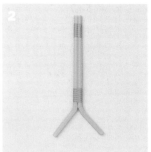

3　把粉紅色氣球和黑色氣球的束口，各剪掉 ½ 英吋（1公分）。

4　用膠帶把粉紅色氣球的開口黏在代表支氣管的吸管上，並確定沒有縫隙。

5 用寶貼或熱熔膠槍封住另一枝吸管的孔。用膠帶把黑色氣球的開口黏在這枝沒有縫隙的吸管。

6 請大人幫忙用美工刀在瓶蓋上切一個洞。把吸管的氣管那一端穿進瓶蓋的洞口。用寶貼或熱熔膠槍封住吸管周圍的縫隙。

7 把另一個粉紅色氣球的束口剪掉½英吋，然後用氣球的開口包住瓶底。用膠帶或膠水把開口的邊緣黏在瓶子周圍，當作橫膈膜。

8 把橫膈膜往下拉，然後放開。這個動作能讓空氣吸進「肺部」。請留意，粉紅色的氣球是怎麼變大或變小的，而黑色的氣球，則是沒什麼變化。

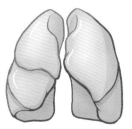

健康的肺是粉紅色。但是，吸菸幾年後，肺會變成黑色。

慢慢深呼吸

你有沒有注意到，每次你生氣或有壓力的時候，呼吸會變快、更不舒服？當一個人覺得沮喪的時候，身體會陷入「戰鬥或逃跑」模式（請參考內分泌系統，第114頁）。為了平靜下來，你可以練習以下的深呼吸步驟，讓身體和心靈放鬆下來。

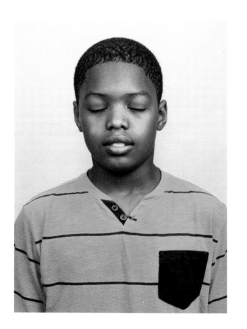

1 閉上眼睛。

2 用鼻子慢慢深吸一口氣。

3 憋氣，同時在心裡慢慢數：1、2、3。

4 用嘴巴慢慢吐氣，就像在吹蠟燭。

5 做幾次深呼吸後，你有沒有注意到自己的感受改變了？

蔡醫生有話要說

為什麼我們會咳嗽？

問得好！雖然咳嗽讓人覺得不舒服，聽起來也很糟糕，但這是身體阻止細菌、灰塵和液體進入肺部的方式。你應該是因為感冒才咳嗽，之後就自行痊癒了。但是，如果咳嗽不止，或造成呼吸困難，就需要吃藥喔。

氣喘是什麼？

你或你認識的人當中，有人會氣喘嗎？運動、疾病、吸菸或過敏，都可能導致有氣喘的人發作。他們發作的時候，呼吸道會收縮和腫脹，而讓空氣無法進出肺部，呼吸會變得非常困難，而難以說話和走路。

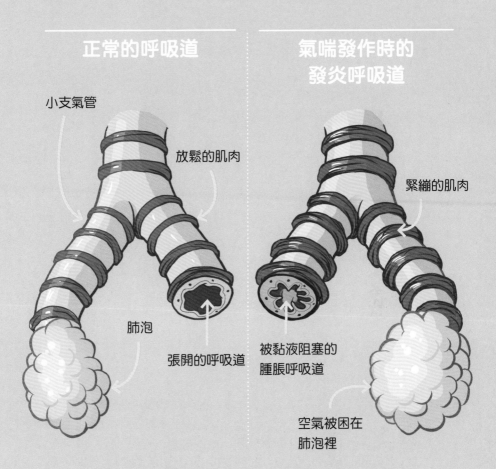

正常的呼吸道

氣喘發作時的
發炎呼吸道

小支氣管

放鬆的肌肉

緊繃的肌肉

肺泡

張開的呼吸道

被黏液阻塞的
腫脹呼吸道

空氣被困在
肺泡裡

氣喘發作是可怕的事，但藥物能讓患者的
呼吸道暢通。發作的時候，患者可以用吸
入器把藥物吸入肺部。

製作你的肺量計

當一個人罹患氣喘或其他呼吸困難的症狀時,有一種叫做「誘發性肺量計」的工具,能幫助他們鍛鍊肺部,並進行深呼吸。這個工具的外觀,如下:

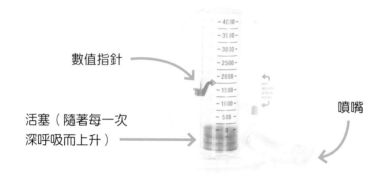

數值指針

活塞(隨著每一次
深呼吸而上升)

噴嘴

你可以用一些簡單的材料來製作肺量計。

材料

+ 寶特瓶
+ 紙
+ 可彎曲的吸管
+ 棉球

+ 鉛筆
+ 剪刀
+ 膠帶
+ 記號筆

1 把寶特瓶放在紙上,沿著瓶底畫圈。把圓圈剪下來。從圓圈的外緣往中央剪一條縫。

2 把圓圈捲起來,做成圓錐體。用膠帶把交接處固定。

3 剪掉圓錐體的頂端後,插入吸管,並用膠帶固定。

4 剪掉寶特瓶的底部。

5 瓶底朝上，將吸管和圓錐體從瓶底往下放。吸管要穿過瓶口，而圓錐體則卡在瓶子中央。

6 用記號筆在瓶身畫上等距的線條，並依序寫上數字。你可以從數字一開始寫，並自行決定要寫多少數字。

7 把棉球放進瓶子裡的圓錐體上方。對著吸管吹氣，讓棉球往上飛。

你能讓棉球飛多高呢？

消化系統

食物的旅程

食物進入你的嘴巴後，就開始進行消化。但這只是展開身體內30英尺長（9公尺）的旅程的開端！在這個過程中，你的消化系統會把食物轉化成身體需要的能量和基本要素。

食物在身體內的移動速度，取決於你的年齡、吃了什麼食物，以及你的狀態有多麼活躍。嬰兒的消化系統比較短，食物主要是牛奶，所以食物在他們的身體內移動得很快。至於年紀大一點的小朋友和成年人，食物在身體內需要一天到三天的移動時間，然後才有臭臭的固體排泄物從肛門排出。

為什麼你會打嗝和放屁？

原諒你吧！當你吃東西和喝飲料的時候，會吞下一些空氣。另外，腸道內的有益細菌也會產生氣體。當你的肚子裡有太多氣體時，便會累積壓力，讓你覺得很難受。打嗝和放屁能釋放多餘的氣體，讓你比較舒服。呼！

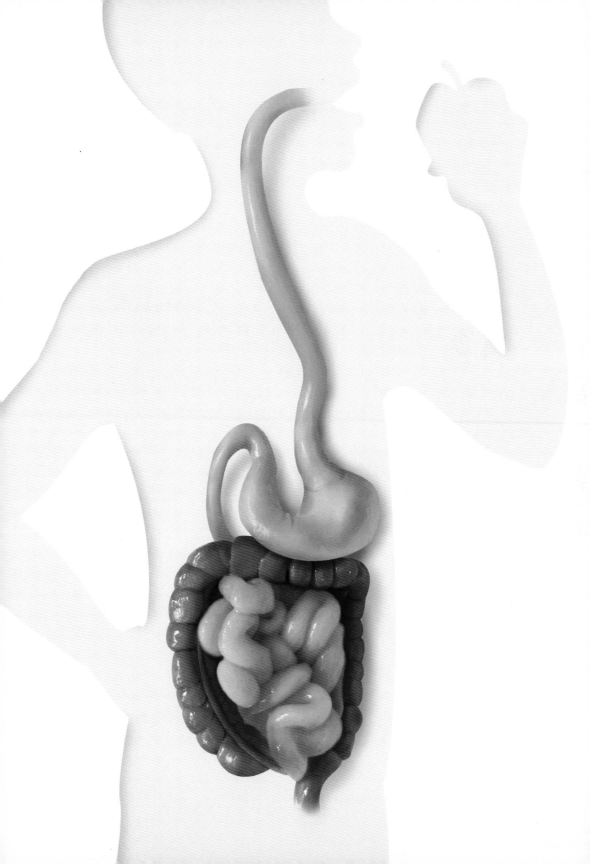

漫長的食物旅程

預備，開始消化！

這是食物從一開始到結束的必經之路。

Ⓐ 嘴巴：咔滋！咔滋！牙齒把咬下的每一口食物撕開。

Ⓑ 食道：你吞嚥的時候，肌肉擠壓並推動食物進入這個通道，這個過程大概需要五秒到十秒。

Ⓒ 胃：混合，搗碎，攪拌！在接下來的二到四個小時，胃酸把食物分解成糊狀，而胃壁的肌肉很像攪拌機。

Ⓓ 小腸：在接下來的五個小時左右，食物在這條彎彎曲曲的長通道中移動，不斷地被分解，並與消化液混合。同時，你的身體會吸收有益的養分。

Ⓔ 大腸：這裡是身體吸收水分和養分的最後機會。剩餘的食物都變成了排泄物，之後漸漸變硬，最後變成糞便。這個步驟需要一天到兩天。

Ⓕ 肛門：這個洞是消化系統的出口。再見了，便便！

有幫助的鄰居

消化系統的某些部分從不接觸食物，但是在分解食物方面有很大的幫助！

❶ 唾腺：能產生液態的唾液，有助於分解食物，讓你更容易嚥下食物。當你聞到或想到美味的食物，會忍不住分泌唾液。

❷ 胰臟：位於腹部後面的器官，能釋放酶，有助於分解小腸中的脂肪、蛋白質以及碳水化合物。

❸ 膽囊：這個小器官能儲存膽汁──分解脂肪的綠色液體。人可以沒有膽囊，但是這些沒有膽囊的人，需要攝取低脂的飲食。

❹ 肝臟：這個大器官有三種重要的功能，分別是：製造膽汁、清潔血液，以及儲存糖分，提供身體能量。

漏掉了闌尾？沒問題！

看到從大腸伸出來的小管子嗎？那就是闌尾！有益的細菌會住在這個短管中。闌尾受到刺激或感染時，會變得腫脹。腫脹的闌尾非常痛，也可能因此破裂，而需要用手術移除。但是，人類就算沒有闌尾，也可以正常生活。

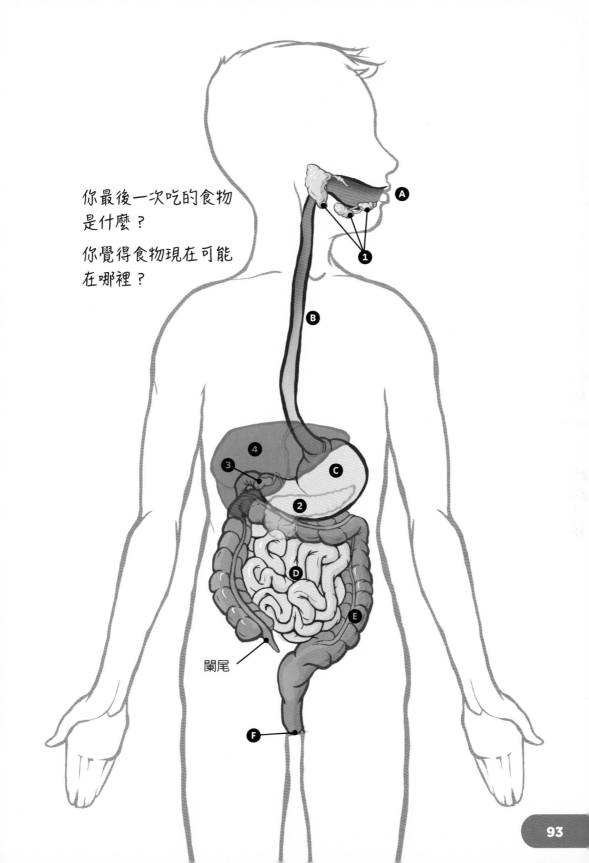

你最後一次吃的食物
是什麼？

你覺得食物現在可能
在哪裡？

闌尾

從食道通往肚子的實驗

食物被擠壓到食道後，第一個目的地是胃。隨著胃部肌肉的攪拌，食物與一池強酸和酶混合在一起。胃酸的酸性和檸檬汁差不多。在下方的活動中，我們能看到食物浸泡入檸檬汁之後的分解情形。

餅乾、水果等碳水化合物只需要幾個小時就能分解，但是像酪梨這種脂肪含量高的食物，以及像豆類這種富含蛋白質的食物，需要更長的分解時間。這就是為什麼與碳水化合物相比，當你攝取蛋白質和脂肪時，飽足感可以維持得更久。

材料

÷ 寶特瓶　　　　　　　÷ 餅乾　　　　　　　÷ 記號筆
÷ 裝得下零食的夾鏈袋　÷ 剪刀
÷ 兩大匙檸檬汁　　　　÷ 紙膠帶

1　剪掉寶特瓶的底部。

2　用膠帶把夾鏈袋開口的一端貼在瓶口。
　用記號筆在瓶身上標示食道，在袋子上
　標示胃。接著，用膠帶把瓶子和夾鏈袋
　牢牢地黏在垂直的表面上。例如：牆壁
　（請參考右邊的照片）。

3　小心地把瓶子裡的檸檬汁倒進袋子，當
　作胃酸。

4　把一塊塊小餅乾插進瓶子頂端。你要先
　把餅乾剝碎，才放得進去，就像牙齒把
　食物咬碎，這樣食物才塞得進食道。

5 擠壓袋子，就像胃部磨碎食物。

6 每隔一小時，檢查檸檬汁裡的餅乾有什麼變化。

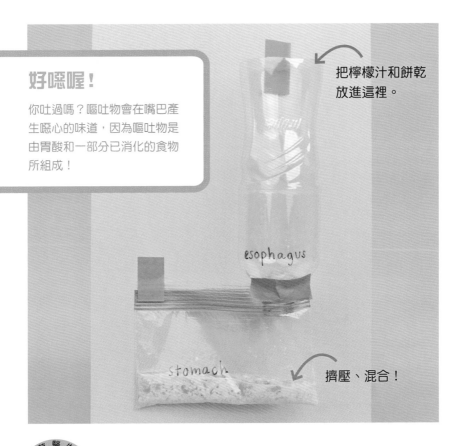

把檸檬汁和餅乾放進這裡。

好噁喔！

你吐過嗎？嘔吐物會在嘴巴產生噁心的味道，因為嘔吐物是由胃酸和一部分已消化的食物所組成！

esophagus

stomach

擠壓、混合！

蔡醫生
有話要說

攝取五顏六色的食物！

吃各種顏色的水果和蔬菜，對你的身體有好處！你的餐盤上能放多少種顏色呢？試著用蔬菜和水果放滿盤子的一半吧。至於盤子的另一半，你可以加入自己特別喜歡的蛋白質和全穀類食物。

喝水可以幫助你的身體消化已攝取的食物。當你覺得飽的時候，不要再吃了，把剩餘的食物留到下次再吃吧。

你的大便長什麼樣子？

大便、便便、糞便、排泄物、屎、米田共——這些都是身體常見的廢物名稱！你可以參考右邊的「布里斯托糞便表」，檢查你的大便看起來是不是正常（第三型和第四型）？還是像便祕或拉肚子？通常，嬰兒的糞便看起來像第五型、第六型以及第七型。但是，對兒童和成年人來說，這三種類型算是拉肚子，可能是感染、吃或喝到太多的糖分（例如：果汁）、食物過敏或其他問題引起。

第一型和第二型是便祕，代表你的飲食需要更多的水和纖維。富含纖維的食物，包括：帶皮的水果、全穀類、蔬菜、豆科植物（例如：豆子）。

大便日記

這是用來記錄排便的表，供你參考。你還有其他像是肚子痛或反胃的症狀嗎？你最近吃了什麼呢？

日期 _____　　　　　時間 _____

大便類型（參考布里斯托糞便表）_____

數量

○ 大量　　　　　○ 中等　　　　　○ 少量

○ 疼痛　　　　　○ 舒服

其他症狀？ _____

_____

布里斯托糞便表

第一型

分散、硬梆梆、像
礫石一樣的塊狀

非常難排出

第二型

結塊的長條狀

很難排出

第三型

有裂痕的長條狀

容易排出

第四型
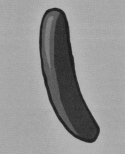

平滑、柔軟的長條狀

容易排出

第五型

柔軟、分散的團狀

容易排出

第六型

鬆軟的糊狀

急著排出

第七型

不含固體的水狀

急著排出

泌尿系統

腎臟負責排泄

腎臟是位於背部中央的清潔團隊，職責是過濾血液，並排出毒素、廢物和多餘的液體。多餘的液體會變成尿液。

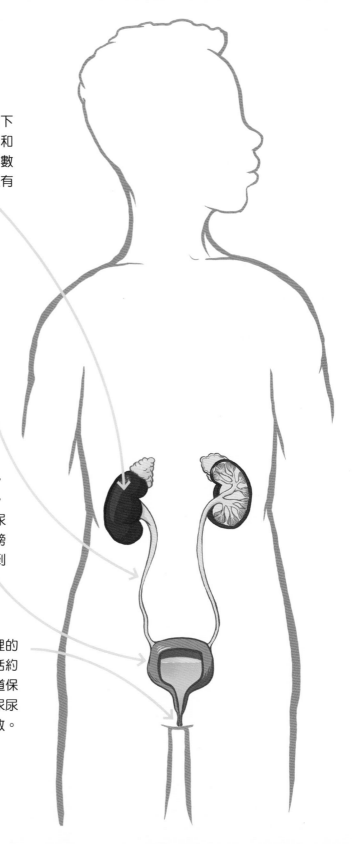

腎臟：位於背部肋骨的下方，形狀像豆子，大小和你的拳頭差不多。大多數的人有兩個腎臟，但是有些人只有一個腎臟。

輸尿管：這個管道連接著腎臟和膀胱。成年人的輸尿管長度大約是8到10英吋（20到25公分）。

膀胱：有肌肉的袋狀器官，大小和形狀跟梨子差不多，能伸展且變大，用於儲存尿液。當你上廁所的時候，膀胱能擠出尿液，然後恢復到正常的大小。

尿道：這個管道把膀胱裡的尿液排出體外。兩端的括約肌（環狀肌肉）能讓尿道保持關閉狀態，直到你想尿尿或憋不住的時候，才開啟。

玩水

就像水槽和廁所的排水管，你的腎臟也有排水系統。尿液聚在這些管子並滴入膀胱。膀胱很像儲存用的容器，在你尿尿的時候就清空了。

我們運用寶特瓶和吸管後，能瞭解供水系統的運作方式。

材料

- ⁘ 牛皮紙
- ⁘ 一大張硬紙板或海報用紙
- ⁘ 兩個有瓶蓋的小寶特瓶
- ⁘ 兩枝可彎曲的吸管
- ⁘ 漏斗
- ⁘ 水
- ⁘ 深碗
- ⁘ 麥克筆
- ⁘ 紅色和藍色膠帶或顏料（可略過，用於製作血管）
- ⁘ 剪刀
- ⁘ 紙膠帶
- ⁘ 熱熔膠槍或寶貼（sticky tack）
- ⁘ 美工刀

1 在牛皮紙上畫一個梨子形狀的膀胱和兩個腎臟（請參考右邊的照片），然後用剪刀剪下來，黏在大張的硬紙板上。如果你願意，也可以用膠帶或顏料製作紅色和藍色的血管。

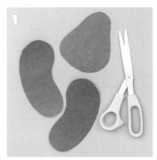

2 剪掉兩個寶特瓶的底部。

3 請大人幫你用美工刀在每個瓶蓋上戳一個小洞，讓吸管穿得進去。

用熱熔膠槍封住縫隙。

4 在每個瓶蓋插入一枝吸管，當作輸尿管。用熱熔膠槍或寶貼把吸管周圍的縫隙封起來。

5 用膠帶或熱熔膠槍把倒過來的寶特瓶黏在腎臟上。

6 用膠帶把漏斗黏在硬紙板的膀胱上。把瓶蓋裝回寶特瓶，並把吸管的尾端黏在漏斗的內側。在漏斗下面放一個接水用的深碗。

7 把水倒進兩個寶特瓶後，觀察水（尿液）是怎麼經過輸尿管，從腎臟流進膀胱，最後流出來。

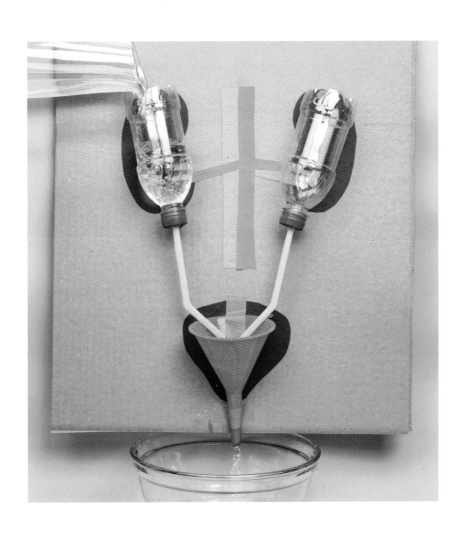

用咖啡濾紙瞭解腎臟

腎臟的特殊清潔方式太棒了。腎臟就像過濾器，只清除廢物和潛在的有害毒素。同時，蛋白質之類的養分會留在血液中。你的身體需要蛋白質，才能增強細胞和器官。

把咖啡濾紙當作腎臟，可以幫助你瞭解腎臟怎麼一邊保留蛋白質，一邊清潔血液。如果腎臟的過濾功能受損，身體就會失去蛋白質。

材料

∴ 兩個透明罐或杯子　　　∴ 水
∴ 兩張咖啡濾紙　　　　　∴ 黃色食用色素
∴ 橡皮筋　　　　　　　　∴ 一大匙小乾豆。例如：扁豆

1　在桌上放一個空罐子，當作膀胱。撐開濾紙，讓濾紙卡在罐子頂部，並用橡皮筋固定住。濾紙代表腎臟。

2　把另一個罐子裝滿一半的水，並加入兩滴食用色素，當作毒素。

3 把豆子放入黃色的水罐裡，當作蛋白質。

4 把裝著黃色的水和豆子的罐子倒到咖啡濾紙上。觀察代表膀胱的黃色罐子，倒水、以及濾紙攔住豆子的過程。這就是腎臟如何讓毒素進入尿液，同時保留血液中的蛋白質。

5 重複同樣的實驗，但是這次在新的咖啡濾紙上割幾個大洞，當作受損的腎臟。豆子（蛋白質）發生什麼變化呢？

蔡醫生 有話要說

乾杯！

　　如果你沒有從飲料或食物中得到足夠的水分，就會脫水。脫水的意思是，身體沒有足夠的水分正常運作。你可能會有少量深色的尿液、嘴唇乾燥、心跳加快以及頭暈的感覺。另一方面，如果你喝太多水，可能會發現自己常常需要尿尿！

　　請留意你的身體有什麼需求。你口渴了就要喝水，尤其是你一直在流汗或做運動的時候。

免疫系統

抗體和其他軍隊

細菌跟人一樣遍布世界各地。主要的病菌類型有：細菌、病毒和真菌。

你的免疫系統就像需要加班的警衛部隊，能讓你保持健康，並擊退有害的細菌。防守的戰線是有防水功能的皮膚、頭髮、黏液、唾液、耳屎以及強大的胃酸。你的血液裡有大量的白血球和抗體。這些戰士會記住以前遇過的傳染病，所以下次再遇到時，就能擊退這些病。

眼淚能沖走細菌。

鼻毛和黏液能
阻擋細菌。

耳屎能防止細菌生長。

皮膚有一層抗水的保護層，
能防止細菌進入。

胃酸能分解並
殺死細菌。

細菌長什麼樣子？

細菌、病毒和真菌都是微小又奇怪的生物，有各種不同的形狀。

細菌是單細胞，有三種主要的形狀：球狀、桿狀和螺旋狀。病毒是最簡單、最小的細菌，有些是幾何形狀，有些是帶著尖刺的球形，而有些看起來像管子。與其他細菌相比，真菌比較大，通常是多細胞，並喜歡在溫暖又潮濕的地方生長。

一起來近距離觀察，這些有複雜學名的常見細菌吧！

金黃色葡萄球菌：通常這種細菌會生存在你的皮膚上，也不會引發問題。如果你被割傷了，這種細菌就會侵入皮膚並造成感染。

化膿性鏈球菌：通常這種細菌會在兒童身上引起疼痛的傳染性喉嚨痛（鏈球菌咽喉炎），以及發癢、有痂皮的紅疹（膿痂疹）。抗生素類藥物能治癒這種傳染病。

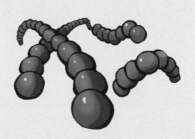

為了檢查鏈球菌咽喉炎，醫生會先用棉花棒從喉嚨和扁桃腺收集黏液，然後把棉花棒帶到實驗室抹在培養皿上，並觀察細菌的生長情況。

流感病毒：能引起傳染性的感染，通常簡稱為「流感」。染上流感病毒的人可能會發燒、發冷、咳嗽、身體疼痛、頭痛、拉肚子或嘔吐。有些染上流感的人，可能會有呼吸困難的症狀。

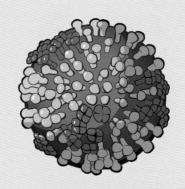

諾羅病毒：主要症狀是肚子痛、嘔吐和拉肚子，所以染上這種病毒的傳染病，通常稱為「胃病」。如果被感染的大便或嘔吐物微粒，進入其他人的食物或飲料中，誤食者很容易散播這種病毒。

冠狀病毒：你知道「冠狀病毒」這個詞，其實是指引起不同症狀的多種病毒嗎？其中一個例子是COVID-19，能導致流鼻水和咳嗽，使很多人失去嗅覺、發燒和頭痛。在嚴重的情況下，病人會出現呼吸困難、心臟或血液循環的問題。

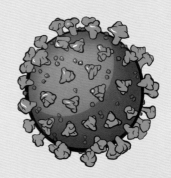

煙麴黴：這種真菌通常在泥土和空氣中存活，不造成任何問題。但是，有些人認為這種真菌會導致肺部感染和呼吸困難。

疾病如何散播開來

好噁啊！如果你想避開病菌，要先瞭解病菌是怎麼從某個人、傳播到另一個人身上。傳染病可以透過幾種方式散播：

- ✤ 呼吸、咳嗽和打噴嚏，經由空氣散播
- ✤ 接觸其他人，或觸碰玩具、門把等，經常接觸的東西
- ✤ 共享食物和飲料
- ✤ 血液、唾液等體液

你有沒有注意到，疾病可以在家裡或學校散播，但是有些人好像不會被傳染？病菌很難搞，因為病菌對每個人的影響都不一樣。沒有生病的人還是可以散播病菌，使其他人生病。

蔡醫生 有話要說

把病菌沖走

你今天洗手了嗎？請記得用肥皂和水洗手：

✤ 手很髒的時候	✤ 觸碰動物之後
✤ 用餐前、用餐後	✤ 倒完垃圾
✤ 上完廁所	✤ 擤完鼻涕或咳嗽後
✤ 在戶外玩完之後	✤ 接觸到很多人碰過的東西後

　　好好地用肥皂搓雙手（手掌、手背、指間），大概搓二十秒。為了確定你洗手的時間夠長，你可以一邊洗手一邊大聲唱歌，或在腦海裡播放，例如：〈生日快樂歌〉！然後再沖洗乾淨並且擦乾。

肥皂的力量

洗手是保持健康和防止討厭的細菌散播的好方法。雖然肥皂對我們來說，可能有溫和、舒緩的作用，對病菌卻有相反的效果！病菌會附著在皮膚的天然油脂上，無法用水洗掉。肥皂能分解手上的病菌和油脂，讓你可以用水沖掉。

在以下的實驗中，黑胡椒代表病菌。當你把胡椒粉撒在水面，這些粉只是漂浮在水面，不會移動。但是，你可以觀察加入肥皂後會發生什麼事！

材料

+ 淺碗
+ 水
+ 一小匙黑胡椒粉
+ 洗碗皂

1　把水倒進碗中，直到有1英吋深（2公分）。

2　把胡椒粉均勻地撒在水面當作病菌。

3　你的手指（不要搓肥皂）放進水中。看看有什麼變化？

4　在手指上抹一點洗碗皂。你覺得把塗上肥皂的手指放進水中後，會發生什麼事呢？

5　把塗上肥皂的手指放進水中。現在，你知道為什麼我們需要洗手了吧？

抗體如何打勝仗

免疫系統的記憶力很好！病菌潛入你的身體後，會嘗試複製很多個自己，目的是打造一支攻擊大軍。但你不用擔心，因為你的身體也在打造一支軍隊。

病菌引起感染後，你的免疫系統會產生Y形抗體，能記住病菌長什麼樣子。抗體記住的病菌部分稱為「抗原」。下次，同樣的病菌靠近你時，你應該不會生病，因為免疫系統能認出抗原，也知道要快速採取行動！

第1天：
病菌入侵。

第4天：
生病。
免疫系統派
白血球去對
抗病菌。

第7天：
病還沒好。
免疫系統開始
製造抗體。

第10天：
病情好轉。.

第14天：
感覺好多了。
免疫系統有很多
抗體。

過敏：免疫系統搞糊塗了

哈啾！你有過敏的反應嗎？有時候，免疫系統以為我們周遭環境中的某些東西，是需要攻擊的有害抗原。草、樹木的花粉、灰塵，通常會導致一般人打噴嚏、眼睛發癢或流淚。

另外，有些人對某些食物過敏。食物過敏會引起各種症狀。例如：又紅又癢的腫塊、臉部腫脹、呼吸困難和嘔吐。你有認識的人對食物過敏嗎？

第100天：
身體還是有抗體。病菌嘗試回來。

第101天：
抗體能記住病菌外部的抗原，並通知免疫系統清除病菌。

第102天：
還是沒有生病！

第103天：
沒有病菌！

用疫苗對抗傳染病

你在醫生的診間打過針嗎？應該是疫苗吧。疫苗，能防止我們染上某些傳染病，並且不將病菌散播給周遭的人。方式如下：

1 許多的疫苗提供我們病菌的抗原，能教導免疫系統怎麼對抗細菌和病毒。

2 我們的身體能產生大量的抗體。這些抗體發現疫苗的抗原後，便展開攻擊。

3 這些相同的抗體已經準備好辨認和攻擊真正的病菌！

再見了·天花！

一七九六年，天花疫苗是第一個被開發的疫苗。在這之前，天花病毒每年奪走了幾百萬人的性命。隨著越來越多人接種疫苗，病毒的散播能力下降了。直到一九七七年，這種病毒完全從世界上消失了。

找一找過敏原

對過敏的人來說，避開那些讓他們覺得不舒服的食物是很困難的事。在廚房找一找食物的過敏原吧！檢查一下食品標示和成分，看看你能從下方的清單中找出多少種。如果你的朋友或家人對食物過敏，你就能提早做好準備。你可以確保他們吃得安心，不會覺得自己是異類。

常見的食物過敏原

小麥

乳製品（牛奶、起司、優格、奶油、鮮奶油）

花生

雞蛋

堅果（杏仁、核桃、胡桃、腰果、開心果）

貝類（蝦子、蛤蜊、貽貝、龍蝦、螃蟹）

魚

芝麻

大豆（豆腐、豆芽、毛豆、豆漿）

內分泌系統

哈囉，荷爾蒙

內分泌系統有很多話要說！與神經系統很像的是，內分泌系統也是忙碌的信使。這個系統中的器官稱為「腺體」，互相溝通的方式是製造一些叫做「荷爾蒙」的信使，並將這些信使釋放到你的血液中。

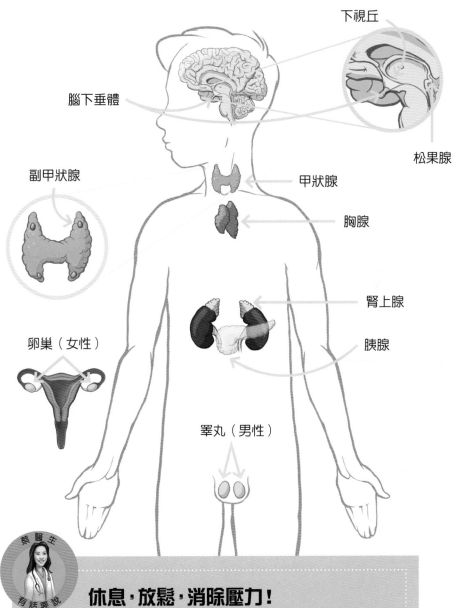

下視丘

腦下垂體

松果腺

副甲狀腺

甲狀腺

胸腺

腎上腺

胰腺

卵巢（女性）

睪丸（男性）

蔡醫生有話要說

休息·放鬆·消除壓力！

　　我們的行為會影響內分泌系統的運作方式。如果你熬夜玩電玩遊戲，松果腺可能會感到困惑，而不分泌褪黑激素。然後，你就會很難入睡。隔天，你可能覺得很累，壓力也很大，觸發了腎上腺素「戰鬥或逃跑」的機制。偶爾為了玩樂而熬夜，沒關係。但在大多數的情況下，盡量在固定的時間上床睡覺吧。如果你覺得有壓力，可以做幾次緩慢的深呼吸，並請大人或朋友幫助你。

這些訊息在傳達什麼？

荷爾蒙告訴器官該做什麼事，才能控制你的身體活力、成長、發育、新陳代謝和情緒。

你的身體怎麼知道什麼時候要成長？

下視丘吩咐腦下垂體分泌生長激素，所以能引導骨骼和肌肉生長。

你的身體怎麼知道什麼時候該睡覺？

松果腺分泌褪黑激素——讓你感到平靜和疲勞的荷爾蒙。

你的身體怎麼知道要展開青春期？

兒童的身體在青春期會發生變化，變得更像成年人。當女孩的卵巢分泌雌激素和黃體素時，或者當男孩的睪丸分泌睪固酮時，青春期就開始了。

你感到害怕或驚訝時，身體會有什麼反應？

啊！當你覺得害怕或驚訝時，腺體會立刻轉換成「戰鬥或逃跑」模式，並分泌腎上腺素。這種激素能帶給你活力、體力和專注力，讓你能處理充滿壓力的情況。

腎上腺素上升了

壓力、危險和興奮！

腎上腺位於腎臟的
上方。

腎上腺能分泌腎上腺
素到血液中。

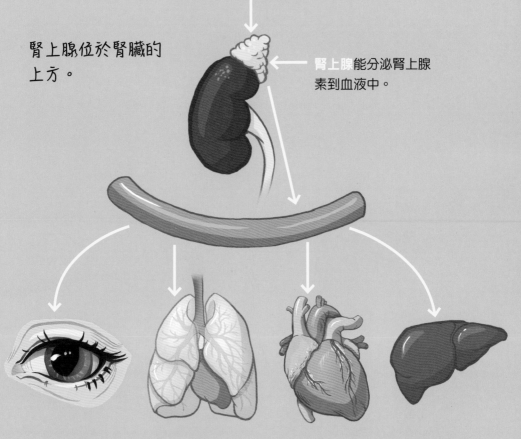

瞳孔放大後，視
力變得更清楚。

呼吸道放鬆後，
讓更多的空氣進
入肺部。

心率和血壓升高，
為重要的器官輸送
氧氣。

肝臟釋放更多的
肝醣到血液中，
快速提供能量。

荷爾蒙的訊息遊戲

我們來扮演腺體，用荷爾蒙對你的夥伴發號施令吧！這種互動式遊戲，展現了荷爾蒙如何對器官下達指令。

材料

✛ 一個廚房紙巾的紙管
✛ 綠色和紅色的紙
✛ 剪刀
✛ 筆
✛ 膠帶

1 剪一張長條的紅紙，寫上「血管」，然後黏在紙管上。

2 把下方的訊息寫在綠紙上，然後剪下來。

    ✛ 生長激素：長大了！

    ✛ 腎上腺素：心跳加快、呼吸道張開、血壓升高、快逃啊！

    ✛ 褪黑激素：睡覺。

3 和夥伴坐地上，並決定誰當器官、誰當腺體。腺體會透過血管傳遞訊息。

4 器官收到訊息後，就會起身照著訊息的指示行動。

5 其他的荷爾蒙也是重複同樣的流程。好好的享受執行任務的樂趣吧。然後，你可以和夥伴角色互換！

血糖平衡

通常，胰腺能產生兩種荷爾蒙：胰島素和升糖素。胰島素能降低血糖，而升糖素則能增加血糖。我們的身體需要這兩種荷爾蒙來保持平衡。以下，是達成平衡的原理：

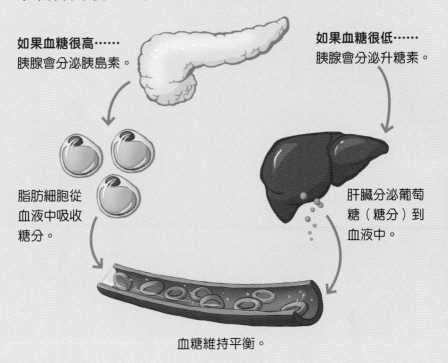

如果血糖很高⋯⋯
胰腺會分泌胰島素。

如果血糖很低⋯⋯
胰腺會分泌升糖素。

脂肪細胞從血液中吸收糖分。

肝臟分泌葡萄糖（糖分）到血液中。

血糖維持平衡。

糖尿病是什麼？

當一個人罹患糖尿病，代表胰腺在分泌胰島素方面有問題，但還是能製造提高血糖的升糖素。如果沒有足夠的胰島素，血糖就會變得太高。

糖尿病有兩種類型：第一種是胰腺無法產生胰島素，病人必須服用含胰島素的藥物，才能保持血糖正常。

第二種通常是長期攝取太多的糖分（例如：汽水、果汁、餅乾），而且缺乏運動。在這種情況下，胰腺會跟不上多餘血糖的增加速度。病人可以透過改變飲食習慣和運動，改善病情。胰島素和其他藥物，通常也會有很大的幫助。

請把糖遞給我

試試以下的活動，瞭解升糖素如何讓肝臟釋放肝醣的糖分到血液中。溝通很重要，留意一下荷爾蒙在說什麼吧！

材料

‡ 兩個小杯子
‡ 糖
‡ 水
‡ 紅色食用色素
‡ 一個廚房紙巾的紙管

‡ 一個捲筒式衛生紙的紙管
‡ 紅色、綠色和粉紅色的紙
‡ 湯匙

‡ 筆
‡ 剪刀
‡ 膠帶

1　把幾匙糖加入杯中，當作肝臟。

2　在另一個杯子加水和幾滴食用色素，當作血液。

3　在紅紙寫上「血管」，然後剪下來，黏在比較長的紙管上。同樣地，在紅色水杯，貼上「血液」的標籤。

4　在幾張長條的綠紙寫上「升糖素：增加血糖」，當作荷爾蒙。

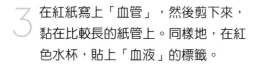

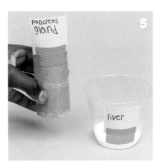

5 在粉紅色的紙寫上「胰腺」，然後剪下來，黏在比較短的紙管上。同樣地，在裝糖的杯子貼上「肝臟」的標籤。把胰腺放在血管下方的一端，並把肝臟和血液的杯子放在另一端。

6 把升糖素的紙條沿著血管傳遞。訊息到達肝臟時，加一匙糖到血液中。

7 把三張升糖素的紙條沿著血管傳遞。這些訊息都到達肝臟時，加三匙糖到血液中。

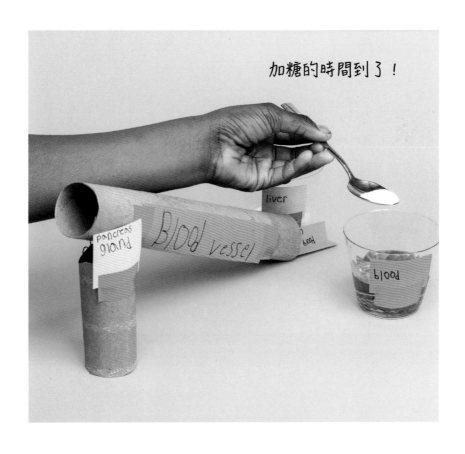

加糖的時間到了！

生殖系統

生命的起源

你有沒有想過自己是從哪裡來的？生命的循環能持續下去，是因為一個叫做「繁殖」的過程。與身體的其他部位相比，兒童時期的生殖器官並不活躍。有些人把這組器官稱為「生殖器」、「私處」或其他名稱。認識生殖系統各部位的專有名詞很重要，就像認識身體的其他部位一樣重要。

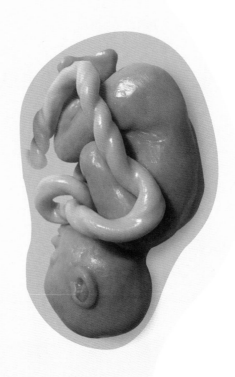

變化多端！

青春期的荷爾蒙使你的身體以新的方式成長，變得更像成年人的身體。在變化發生之前，先瞭解變化你才能做好準備。請記住，成長不是一場賽跑！這些變化需要幾年的時間才會出現。有些人成長得比較快，而有些人比較慢。最後，有些人比別人長得更高大。每個人都有點不一樣，這很正常。

女孩	男孩
青春期通常在八歲到十三歲的某個時候開始。	青春期通常在十歲到十五歲的某個時候開始。
生理變化	**生理變化**
胸部發育	陰莖和睪丸發育
出現月經（也稱為月事）	聲音變低沉
腋下和生殖器部位長出毛髮	臉部、腋下和生殖器部位長出毛髮

蔡醫生
有話要說

保護自己的身體

如果有人推你、捏你、打你或碰你的方式讓你覺得痛，請馬上叫他們停下來，就算是家人或朋友也一樣。你身體的各部位都屬於你，包括：生殖器。大家應該要尊重彼此。

如果你對自己的身體有任何的疑慮，請馬上告訴父母、醫生、老師或其他值得信任的大人吧。一定要應用你從這本書學到的身體部位名稱喔！

女性的生殖系統

輸卵管：這些管道連接著卵巢和子宮。

子宮：女人懷孕時，這個強壯的肌肉器官內是胎兒生長的地方。

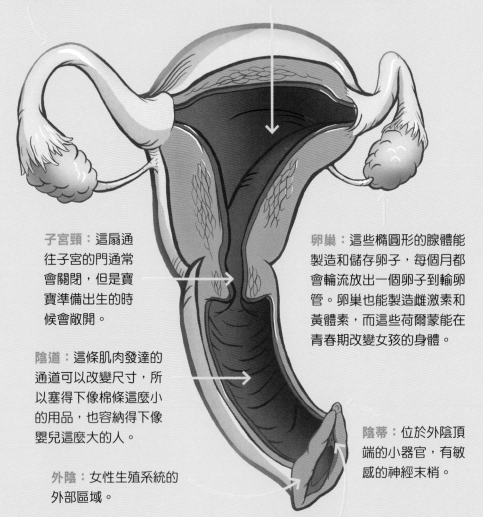

子宮頸：這扇通往子宮的門通常會關閉，但是寶寶準備出生的時候會敞開。

陰道：這條肌肉發達的通道可以改變尺寸，所以塞得下像棉條這麼小的用品，也容納得下像嬰兒這麼大的人。

外陰：女性生殖系統的外部區域。

卵巢：這些橢圓形的腺體能製造和儲存卵子，每個月都會輪流放出一個卵子到輸卵管。卵巢也能製造雌激素和黃體素，而這些荷爾蒙能在青春期改變女孩的身體。

陰蒂：位於外陰頂端的小器官，有敏感的神經末梢。

尿道：尿道是一條能將尿液排出體外的管道（請參考泌尿系統，第99頁）。

男性的生殖系統

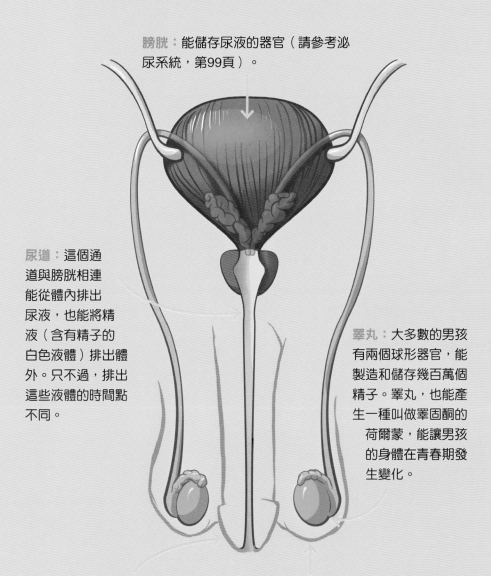

膀胱：能儲存尿液的器官（請參考泌尿系統，第99頁）。

尿道：這個通道與膀胱相連能從體內排出尿液，也能將精液（含有精子的白色液體）排出體外。只不過，排出這些液體的時間點不同。

睪丸：大多數的男孩有兩個球形器官，能製造和儲存幾百萬個精子。睪丸，也能產生一種叫做睪固酮的荷爾蒙，能讓男孩的身體在青春期發生變化。

陰莖：由許多的神經和血管組成，沒有骨頭。頂端的洞是尿道的開口。

陰囊：柔軟的皮膚包裹並保護著睪丸，也能控制溫度，確保精子的安全。身體感覺寒冷的時候，陰囊會收縮，有保暖的作用。身體感覺溫暖的時候，陰囊會變大、變鬆，有排出多餘熱氣的作用。

寶寶是從哪裡來的？

為了創造新生兒，男性和女性的生殖器官要合作。睪丸的精子與卵巢的卵子結合時，過程稱為「受精」。

通常，精子會游到陰道，越過子宮頸，進入子宮，然後游向輸卵管、且遇到卵子的時候，才發生受精。有時候，醫生為了幫助女性懷孕，會在實驗室將精子和卵子結合起來，接著將受精卵放進子宮。

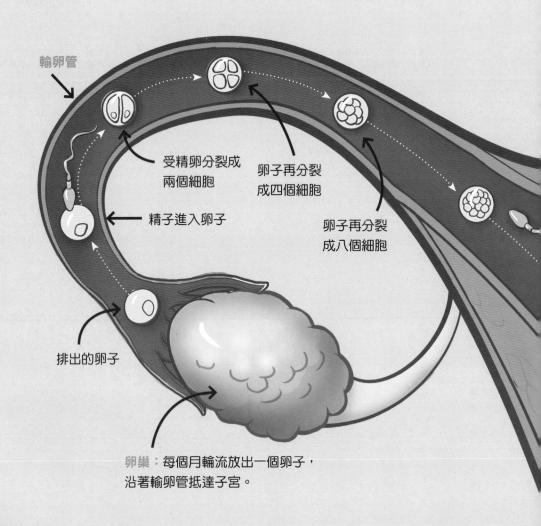

輸卵管

受精卵分裂成
兩個細胞

精子進入卵子

卵子再分裂
成四個細胞

卵子再分裂
成八個細胞

排出的卵子

卵巢：每個月輪流放出一個卵子，
沿著輸卵管抵達子宮。

如果卵子沒有受精

為了應付卵子受精需要有營養的地方生長，子宮內壁的細胞每個月都會增生，變得更厚。

如果卵子沒有受精，就會繼續沿著輸卵管前進，經由陰道離開。這時候，卵子不需要增厚的子宮壁，所以子宮壁變薄的方式，是讓陰道脫落的細胞變成血液。這種出血的情形稱為「月經」、「月事」或「生理期」，每個月大概為期四到七天。

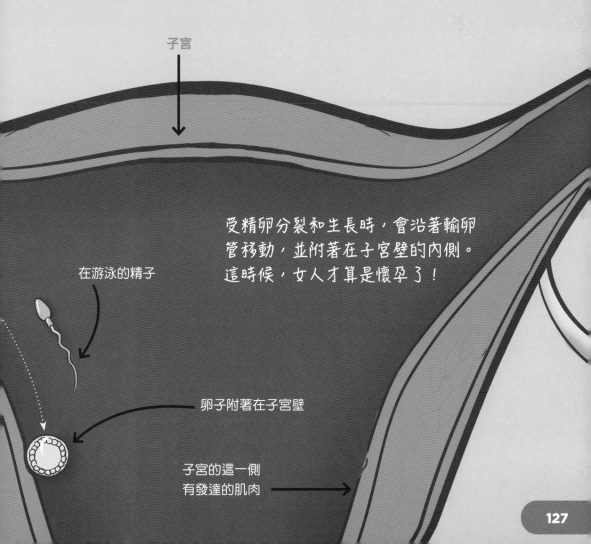

子宮

受精卵分裂和生長時，會沿著輸卵管移動，並附著在子宮壁的內側。這時候，女人才算是懷孕了！

在游泳的精子

卵子附著在子宮壁

子宮的這一側有發達的肌肉

寶寶的第一個舒適房間

從受精卵到寶寶出生，每個生長階段都有不同的名稱。在胚胎階段，所有重要的器官都還在形成中。例如：大腦和腸道。接著，胚胎漸漸形成人形，器官逐漸發育，準備來到這個世界。九個月後，寶寶準備出生了。子宮已經伸展到原本尺寸的五百倍。哇！孕婦能感覺到寶寶在肚子裡踢來踢去、動來動去。

A 胎兒：懷孕期間，胎兒會朝著各個方向移動。最後，胎兒通常是身體顛倒過來，這樣才能讓頭部先出來。

B 子宮：很像一個房間，強壯的肌肉壁能保護胎兒。

C 臍帶：有彈性的軟管，含有兩條動脈和一條靜脈，連接著寶寶的肚臍和胎盤。寶寶出生後，臍帶會被剪斷。

D 胎盤：位於子宮的側邊，透過臍帶提供胎兒需要的養分和氧氣。在胎盤的幫助下，寶寶在子宮內不需要呼吸空氣或進食！

E 羊膜囊：包裹著寶寶的保護袋，裡面裝著羊水。在寶寶出生之前，羊膜囊會破裂，讓寶寶可以出來。

F 羊水：清澈的水狀液體包圍著胎兒，並對胎兒有緩衝的作用。這些液體大部分來自寶寶的尿液！在懷孕期間，寶寶也飲用和呼吸羊水。這樣做能幫助寶寶的食道和肺部的發育。

G 膀胱：請參考泌尿系統第99頁。

H 腸道：請參考消化系統第90頁。

做好準備

寶寶很可愛，但照顧寶寶是一件大事！父母必須度過好多個睡不好的夜晚，還有餵食、穿衣服和保護寶寶的事要做。另外，父母要努力工作好幾年，幫助孩子成長並變得獨立。這是改變人生的重大決定。問問照顧你的大人就知道了！

笑一個吧！

拍照的時間到囉！醫生為了觀察寶寶的生長情況，會拍一張叫「超音波」的特殊照片。醫生將凝膠塗在孕婦的肚子上，輕輕地移動超音波探棒。你能在超音波中找到寶寶的頭、腿和腳嗎？

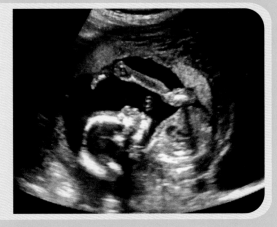

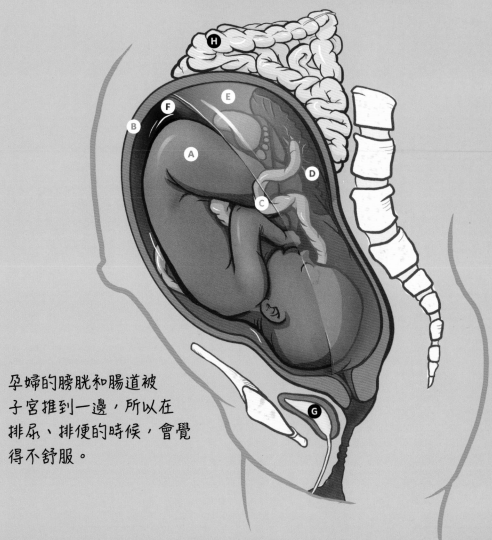

孕婦的膀胱和腸道被子宮推到一邊，所以在排尿、排便的時候，會覺得不舒服。

用泥膠製作胚胎

你知道自己以前只有像腰豆那麼小嗎？沒錯，甚至比一英吋更小！我們都是從一團細胞開始生長，然後轉變成豆子狀的胚胎。一開始，我們看起來不像人類，但是大概過了八週之後，小胚胎的肉團漸漸地變成我們熟悉的人形。

你可以用泥膠或黏土重現身體在最初幾週的發育狀況！首先，用幾個小球來代表細胞分裂和增生。然後做一個胚胎模型。

材料

❖ 粉紅色的泥膠或黏土
❖ 筆蓋

1 用泥膠做出十五個直徑大約 ½ 英吋（1公分）的小球，當作細胞〔請確定你有足夠的剩餘材料，可以做2英吋（5公分）的胚胎〕。

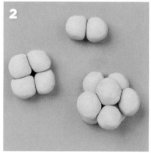

2 為了展示細胞分裂的過程，請把細胞分成四組：首先是一顆球，接著是一組兩顆球，然後是一組四顆球，最後是一組八顆球。這就是一組細胞分裂和生長的方式。

3 製作胚胎。先用更多的泥膠做出2英吋（5公分）的小球，接著捏成腰豆的形狀。

4 用筆蓋，在「腰豆」的上方蓋出一個小凹痕，當作
眼睛。

5 用剩餘的泥膠製作手臂和腿部的「肢芽」。接著，
搓揉出一條又長又細的繩子狀，當作臍帶。你的胚
胎準備生長囉！

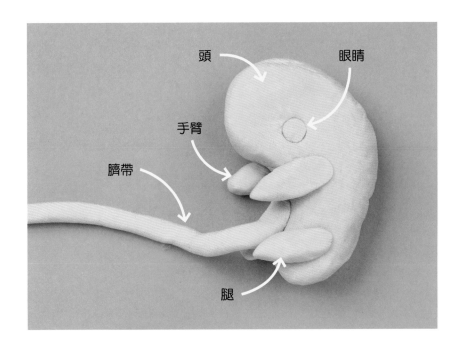

頭　　　眼睛

手臂

臍帶

腿

各式各樣的家庭

除了懷孕和分娩，你還能想到其他組成家庭的方式嗎？

- 許多的家庭收養孩子。
- 有些人是由祖父母、阿姨和叔叔養大。
- 許多人決定不生孩子。他們把好朋友和心愛的寵物當成家人！

想知道更多！

你還想瞭解更多關於人體的事嗎？

請造訪網站 **humanbodylearning.com**！

在人體學習實驗室中，你能找到：

- 可以查詢的字典
- 有趣的實例
- 維持健康的祕訣
- 可以列印的學習單
- 有關解剖學的玩具
- 有趣的活動
- 適合所有小朋友的優質書籍

知識就是力量！

致謝

我受到以前的病人和學生的啟發後，就一直想為孩子創造有趣、有親和力，可以親自參與人體的知識資源。不過，我沒想過研究、寫作、攝影和描繪參考圖的每一步，都充滿了挑戰性，尤其是我在全球疫情流行病蔓延的期間，同時要養育孩子和工作。要實現充滿熱忱的計畫，需要付出不少的努力。感謝上帝，把許多優秀的人才聚集在一起。

致斯托里（STOREY）出版社的優秀團隊：

我一直是你們的忠實讀者，也很榮幸能與你們合作。我特別謝謝做事認真的企劃編輯漢娜・弗萊斯（Hannah Fries），妳在顧及大局的同時也很注重細節。我也要謝謝鼓勵我的策劃編輯迪安娜・庫克（Deanna Cook），妳主動聯繫我並支持我寫書的計畫。我還要謝謝傑出的藝術總監阿萊西婭・莫里森（Alethea Morrison），妳具有創造力和豐富多彩的美感。最後，我要謝謝出色的插畫家凱莉・墨菲（Kelly Murphy），妳設計出漂亮的圖畫和獨特的黏土藝術。

致我的丈夫：

從我就讀醫學院的第一天開始，你就是我最好的朋友。謝謝你為我祈禱，並在往後的每個人生階段當我的頭號支持者。謝謝你在好多個週末幫我照顧孩子，甚至經常加班，只為了讓我專心寫作。謝謝你不求回報地愛這個家庭。

致我的孩子：

我在寫這本書的過程中，最喜歡和你們相處在一起的時光了。謝謝你們對此感興趣、提出一些好問題、願意測試每項活動，以及表達自己的想法。你們讓我的世界變得更美好。我每天都從你們身上學到很多的東西。

致內科的醫生同事：

阿米莎・沙赫（Amisha Shah）博士、瑞貝卡・奧克（Rebecca Ocque）博士、潔寧・福爾奇（Janene Fuerch）博士、凱莉・貝丘（Kelly Berchou）博士、拉克希米・迦納帕蒂（Lakshmi Ganapathi）博士以及丹妮爾・普利維塔拉（Danielle Privitera）博士，謝謝妳們在百忙之中抽空分享對這本書的回饋。妳們各自啟發我成為從醫的媽媽。我很感激妳們這幾年來的友誼。

致我的閨密：

安德莉亞・庫萊布拉斯（Andrea Culebras），謝謝妳和我討論章節的標題，並在過程中與我分享有趣的事！我一直都很欣賞妳的誠實、智慧和幽默感。

致我的朋友：

芬恩（Fynn Sor Tang）和艾格妮絲（Agnes Hsu）是我認識最善良、最具創造力的企業家。謝謝你們相信我，並鼓勵我傾聽自己的心聲和寫這本書。

致美好的社群——粉筆學院（Chalk Academy）的家長和教師：

謝謝你們留下的評論、訊息和電子郵件。你們對孩子和學生的關愛，激勵著我不斷創造、教學和分享！

作者簡介

貝蒂‧蔡博士（Betty Choi MD）

小兒科醫師、醫學作家，也曾是在家自學的家長。

蔡博士長年來倡導有連結性、互動式學習，以及多元化和包容，並透過她的網站chalkacademy.com，鼓舞了世界上許多的家長和教師。她的處女作《天才小醫生的人體實驗課》藉由有趣的手作活動，幫助小朋友瞭解自己的奇妙身體。目前她與丈夫和孩子住在加州。

譯者簡介

辛亞蓓

曾任全職美語教師和雜誌編輯。曾獲英國杜倫大學Best Final Essay獎。合著《英語搭配詞隨身祕笈》。譯有《愛迪生傳》等。

與我分享讀後心得：light.tree.heal@gmail.com

國家圖書館出版品預行編目 (CIP) 資料

天才小醫生的人體實驗課 :18 種遊戲實驗與 10 個器官模
型 DIY, 內化孩子的醫學腦 !/ 貝蒂 . 蔡 (Betty Choi) 作 ;
辛亞蓓譯 .-- 初版 .-- 新北市 : 大樹林出版社 , 2023.04
144 面 ;17*23 公分 . -- (益智繪館 ; 4)
譯自 : Human body learning lab : take an inside tour how
your anatomy works
ISBN 978-626-97115-1-2(精裝)

1.CST: 人體學 2.CST: 人體生理學 3.CST: 通俗作品

397   112001121

系列／益智繪館 04

天才小醫生的人體實驗課

18 種遊戲實驗與 10 個器官模型 DIY，內化孩子的醫學腦！

作　　者／貝蒂‧蔡醫學博士（Betty Choi MD）
譯　　者／辛亞蓓
總 編 輯／彭文富
主　　編／陳秀娟
封面設計／邱方鈺
排　　版／邱方鈺
出 版 者／大樹林出版社
營業地址／23357 新北市中和區中山路 2 段 530 號 6 樓之 1
通訊地址／23586 新北市中和區中正路 872 號 6 樓之 2
　　　　　電話／(02) 2222-7270　傳真／(02) 2222-1270
　　　　　E-mai ／ notime.chung@msa.hinet.net
　　　　　官網／ www.gwclass.com
　　　　　FB 粉絲團／ www.facebook.com/bigtreebook
發 行 人／彭文富
劃撥帳號／ 18746459　戶名／大樹林出版社
總 經 銷／知遠文化事業有限公司
地　　址／ 222 深坑區北深路三段 155 巷 25 號 5 樓
　　　　　電話／ 02-2664-8800　傳真／ 02-2664-8801
初　　版／ 2023 年 04 月

大樹林學院官網　　大樹林學院新 LINE

大樹林學院微信

HUMAN BODY LEARNING LAB: TAKE AN INSIDE TOUR OF HOW YOUR ANATOMY
WORKS by BETTY CHOI
Copyright: © 2022 by BETTY CHOI
This edition arranged with STOREY PUBLISHING, LLC
through BIG APPLE AGENCY, INC., LABUAN, MALAYSIA.
Traditional Chinese edition copyright:
2023 BIG FOREST PUBLISHING CO., LTD
All rights reserved.

定價／ 420 元　港幣／ 140 元　　ISBN 9786269711512

110件提升專注力的兒童美勞

開啟孩子智慧與專注力的魔法

趕走焦慮小怪獸

20種有效的塗寫活動，
陪孩子克服上學、交友、課業的焦慮與不安